Siegfried Erker / Paul Herberstein

Schwarzwild

Ansprechfibel

AF720887

Österreichischer Jagd- und Fischerei-Verlag

2. Auflage (Erstauflage 2012)

© 2019 by Österreichischer Jagd- und Fischerei-Verlag,
Wickenburggasse 3, 1080 Wien

Fotos: Markus Zeiler (Titel, Seite 59 unten, 63 u., 64 oben, 65, 66 u., 69,
70 u., 71, 72 u., 74, 75, 76, 77 o., 79 u.);
Helmut Fladenhofer (Seite 58 oben, 60 unten, 62 o., 73 u., 77 u., 79 o.)
alle anderen: Siegfried Erker

Zeichnungen: Hubert Zeiler
(außer S. 35, 36 und 39: Siegfried Erker;
sowie S. 8, 25, 40 und 53: Archiv Österr. Jagd- und Fischerei-Verlag)

Verlagsassistenz und Sekretariat: Angela Pleyel

Lektorat & Layout & Leitung Produktion: Michael Sternath
(WIVS – Wildideologisches Institut für Vergleichende Schwartenkunde)
Wassinb lackGrausdays:
WomSon outtatheir &
Hot Hog-Doc & Hot Hog-Dog,
witchissaph artin Hot Dog,
tawtschring poor ole Wuff-Goof …

Repro: Farbfotos: Blaupapier, Wien (Gernot Haderer-Weninger);
Zeichnungen: Ing. Martin Grasberger

Gesamtherstellung: Christian Theiss, Sankt Stefan im Lavanttal

ISBN 978-3-85208-098-7

Vorwort

Sauen im Revier! – Noch vor wenigen Jahrzehnten klopfte das Herz des Jägers wild in der Brust, wenn Saufährten ins Revier führten. Schwarzwild war den meisten nur als seltenes und begehrtes Wechselwild bekannt. Und heute? Der Begeisterung für das urige Wild folgte Ernüchterung. Das Schwarzwild hat sich stark vermehrt und neue Lebensräume erobert. Immer öfter fällt das hässliche Wort „Plage“.

Die Wildschweine selbst haben nichts von ihrem Zauber eingebüßt. Sie sind das geblieben, was sie immer waren: ein spannendes und uriges Wild. Ihre Intelligenz ist einzigartig und ihr Aussehen atemberaubend. Und sie verdienen nach wie vor unseren vollen Respekt.

Die Schwarzwild-Ansprechfibel will dem Jäger diesen Respekt mit auf den Weg geben: gepaart mit jenem praxisnahen Wissen, das eine freudvolle und vor allem weidgerechte Jagd auf Schwarzwild erst möglich macht.

Österreichischer Jagd- und Fischerei-Verlag

Inhalt

1. Grundsätzliches

Geschichte

Schwarzwild und Jagd gehörten seit jeher zusammen. In der Zeit von 10 000 bis 5 000 vor Christus dürften Wildschweine sogar die Hälfte der Jagdbeute ausgemacht haben. Mit Fallgruben, Speeren und Bogen stellte man vor allem Frischlingen und Überläufern nach, die Jagd auf den ausgewachsenen Keiler hatte über das begehrte Wildbret hinaus noch eine ganz andere Bedeutung: Sie war den kriegserfahrenen Männern als besondere Mutprobe vorbehalten.

Auch in den folgenden Jahrtausenden änderte sich nichts. Berühmte Feldherren und Landesfürsten erprobten sich an dem wehrhaften Wild. So ist ein Schriftstück aus dem Jahre 799 erhalten, in dem geschildert wird, wie Karl der Große höchstpersönlich einen urigen Keiler auf die Saufeder auflaufen lässt.

Im 17. Jahrhundert erlebte die Wildschweinjagd eine wahre Hochblüte: Die Sauhatz hoch zu Ross und mit wilder Hundemeute war groß in Mode. Allein am Hof des Herzogs von Württemberg hielt man zu dieser Zeit fast tausend kräftige Sauhunde, auch „Saupacker" genannt. Die wertvollen Hunde trugen schon damals breite Halsbänder oder Panzerhemden, um so besser vor den messerscharfen Waffen der Wildschweine geschützt zu sein. Die ausdauernden Hunde hetzten die Sauen so lange, bis sich diese stellten und vom Jäger aus nächster Nähe mit der Saufeder abgefangen wurden. Schwere oder tödliche Verletzungen an Hund, Pferd oder gar Mensch waren bei einer solchen Hatz keine Seltenheit.

Eine besondere Mutprobe: Jäger des 17. Jahrhunderts mit Saufeder und Saupackern im Nahkampf mit einem Keiler.

Mit den ersten Feuerwaffen änderte sich auch die Jagd auf Schwarzwild: Im Barock war die Sauhatz zu Pferd zwar noch gang und gäbe, immer öfter wurden aber die Wildschweine in sogenannten Hetz- und Saugärten vor die Büchsen der höfischen Jäger getrieben. Die bäuerliche Bevölkerung, die selbst nicht auf das wehrhafte Wild jagen durfte, hatte bereits damals unter Wildschäden auf den Feldern zu leiden.

Ende des 18. Jahrhunderts begann sich das Blatt zu wenden: Die Jagdbeschränkungen auf Wildschweine wurden in vielen Gebieten Mitteleuropas aufgehoben. Spätestens nach der Revolution im Jahr 1848, in deren Sog man das Jagdrecht an das Grundeigentum band und die Jagd damit auch bürgerlichen Gesellschaftsschichten öffnete, war das Schwarzwild vogelfrei. In weiten Teilen Mitteleuropas gingen die Bestände dramatisch zurück. In vielen Gebieten überlebte Schwarzwild um die Wende zum 20. Jahrhundert nur in Tiergärten oder Wildgattern.

Erst in der Zeit nach dem Zweiten Weltkrieg erholten sich die Bestände. Zum einen war die Jagd an strenge Gesetze und Auflagen gebunden, zum anderen nahm das Nahrungsangebot für Wildschweine durch den vermehrten Anbau von Mais und Getreide zu. Seit damals steigen die Schwarzwildstrecken in Österreich und Deutschland unaufhaltsam an. Die nackten Zahlen verdeutlichen die Entwicklung: 1950 wurden in Österreich – allerdings noch zur Besatzungszeit – bescheidene 294 Wildschweine zur Strecke gebracht. Rund sechzig Jahre später sind es bereits über 37.000. Nicht anders ist die Entwicklung in Deutschland: Anfang der 1970er-Jahre wurden jährlich rund 40.000 Stück Schwarzwild erlegt. Kaum vierzig Jahre später stieg die Zahl – einschließlich der ehemaligen DDR – auf sagenhafte 600.000 Stück an, wobei die Jahresstrecken gerade bei Schwarzwild immer auch großen Schwankungen unterliegen. In beiden Ländern ist der Trend aber bis heute ungebrochen: Schwarzwild nimmt zu.

Lebensraum

Schwarzwild ist zwar anpassungsfähig, besonders wohl fühlt es sich aber in Laubmischwäldern. Dort finden Wildschweine im und am Boden reichlich Nahrung. Auch genügend Wasser zum Trinken und fürs Suhlen ist wichtig. Über Nahrung und Wasser hinaus brauchen Sauen langfristig vor allem einen möglichst ungestörten Lebensraum und ausreichend Rückzugsgebiete.

Ihre Intelligenz und Anpassungsfähigkeit lässt Schwarzwild rasch neue Lebensräume erobern. So sind Sauen bereits in Bergwäldern und Hochalmen gesichtet worden, selbst wenn das

Nahrungsangebot dort nicht mit dem einer Au oder eines Laubwaldes mithalten kann.

Seit jeher ziehen auch landwirtschaftliche Anbauflächen das Schwarzwild magnetisch an: Nahrung im Überfluss und dazu noch gute Deckung vor der Ernte. Liegen die verlockenden Felder noch in Waldnähe, sind Konflikte und Wildschäden vorprogrammiert. Auf seinen nächtlichen Streifzügen schreckt das Schwarzwild mancherorts selbst vor Fußball- oder Golfplätzen nicht zurück und taucht hie und da sogar in Friedhöfen auf. Ein Phänomen der jüngeren Zeit: Wildschweine machen auch vor grünen Vorstädten nicht halt und ackern teilweise sogar am helllichten Tag Wiesen oder Gärten um. Die Millionenstädte Berlin und Wien können davon ein Klagelied singen.

Nahrung

Wildschweine sind Allesfresser und ernähren sich sowohl von pflanzlicher als auch tierischer Kost. In den Mastjahren zählen im Wald Bucheckern und Eicheln zur Hauptnahrung. Daneben frisst Schwarzwild aber auch Kräuter, Gräser, Wurzeln, Knollen und Pilze. Früchte und Fallobst stehen – so vorhanden – ebenfalls auf dem Speiseplan. In der Landwirtschaft wird Schwarzwild neben Kartoffeln und Rüben vor allem von Mais, Raps sowie Getreide magnetisch angezogen.

An tierischer Nahrung suchen Wildschweine im Waldboden nach Larven, Käfern oder Regenwürmern, sie fressen aber auch Eier, Mäuse und Aas. Auch frisch gesetzte Rehkitze werden nicht verschmäht, allerdings – anders als beim Fuchs – meist ohne große Auswirkung auf den Rehbestand.

Bei der Nahrungssuche kann Schwarzwild weite Strecken zurücklegen und ist mitunter die ganze Nacht unterwegs.

Sauen tauchen dort auf, wo es Nahrung gibt. Übers Jahr ändern sich daher die Gebiete, wo der Jäger mit Anblick von Wildschweinen rechnen kann.

Nach dem Frischen im März ernährt sich der Nachwuchs rund drei Monate von Muttermilch, nimmt aber schon bald zusätzlich pflanzliche Nahrung. Die frischen Triebe im Wald und auf den Feldern sind daher in dieser Zeit besonders attraktiv. Zudem ist der Boden nicht mehr gefroren, und Sauen finden beim Brechen auch wieder tierische Nahrung.

In den Sommermonaten, von Juni bis August, stehen viele Getreidesorten in der Milchreife. Der Tisch ist außerhalb des Waldes reich gedeckt. Auch Rehkitze, Junghasen oder Gelege von Bodenbrütern bereichern zu dieser Zeit den Speisezettel.

Von September bis in den Spätherbst geht es beim Schwarzwild darum, sich Reserven für den Winter anzulegen. Die Felder sind abgeerntet, die Sauen zieht es wieder in die Wälder zurück, um dort nach Eicheln und Bucheckern, aber auch nach Würmern und Engerlingen im Boden zu suchen.

Von Dezember bis März kann Notzeit für das Schwarzwild herrschen. Unter den Blättern oder der Schneedecke wird nach Eicheln und Bucheckern gebrochen, und auf Wiesen und Feldern nach den letzten nahrhaften Früchten gesucht. Es ist jene Zeit, in der Wildschweine auch Fütterungen für anderes Schalenwild besuchen und nach Fressbarem – mit Vorliebe Mais – durchstöbern und Kirrplätze gut annehmen.

Sinnesorgane

Beim Geruchssinn nimmt es ein Wildschwein mit jedem Schweißhund auf. Es kann Menschen selbst auf große Entfernung – bei gutem Wind – wahrnehmen. Der Wind spielt daher bei der Jagd auf Schwarzwild die Schlüsselrolle.

Auch Geräusche können mit den Tellern – wie die Ohren in der Jägersprache heißen – sehr gut zugeordnet werden. Wird etwa ein einzelnes Wildschwein auf einer Lichtung erlegt, so können noch in der Dickung steckende Stücke sehr genau orten, von wo der Schuss gekommen ist. Wird von dieser Stelle kurz danach noch öfter geschossen, passiert es nicht selten, dass die anderen Wildschweine den Ort – selbst bei verlockendem Futter – mehrere Tage meiden oder überhaupt abwandern.

Weniger beeindruckend ist die Sehkraft: Sauen äugen schlecht. Hat man als Jäger ein oder mehrere Wildschweine auf größere Entfernung ausgemacht, kann man ohne weiteres den Versuch wagen, sie anzubirschen. Der Wind muss allerdings passen. Zu hastige Bewegungen darf der Jäger auch nicht machen, denn solche nehmen Wildschweine sehr wohl wahr. Verhofft ein Stück, harrt man so lange aus, bis es sich wieder vertraut bewegt. Erst danach sollte man das Fernglas zu den Augen oder das Gewehr an die Wange heben.

Sozialverhalten

Wenn man Rotwild als „Rudeltier" bezeichnet, so muss man Schwarzwild mit Fug und Recht „Kontakttier" nennen. Wildschweine leben in Rotten. Den Kern einer Rotte bildet die Bache mit den Frischlingen. Dazu kommen noch Töchter der Leitbache sowie einzelne Überläuferkeiler, die im Verband verbleiben. Keiler lösen sich meist im zweiten Lebensjahr aus der Rotte und werden zu Einzelgängern.

Rotten haben in unseren Breiten eine durchschnittliche Stärke von sechs bis zehn Stück. Zwischen Frischzeit und Rauschzeit kann die Rotte auf bis zu vierzig Stück anwachsen.

Die Ranghöchste in einer Rotte ist die Leitbache, danach folgen die nächstälteren Bachen, bei gleichem Alter entscheidet in der Regel die körperliche Stärke. Die Leitbache führt die Rotte an, bei Treibjagden kann es aber vorkommen, dass sie sich in der Mitte der getriebenen Rotte bewegt.

Wenn führende Bachen oder Leitbachen weggeschossen werden, wird das Sozialverhalten nachhaltig gestört: Frischlinge oder reine Überläuferrotten streifen führungslos umher und sind nicht nur schwerer zu bejagen, sondern richten auch mehr Schäden in den Feldern an. In einem solch durcheinandergewirbelten Bestand werden junge Bachen mitunter öfters im Jahr rauschig und sie können – auch außerhalb der üblichen Frischzeit im Frühjahr – das ganze Jahr über Nachwuchs bekommen. Der Grund: Eine Leitbache wird meist nur einmal im Jahr rauschig und gibt dabei auch den Zyklus für alle anderen geschlechtsreifen Bachen der Rotte vor. Gerade nach guten Mastjahren passiert es, dass selbst Leitbachen ein zweites Mal zwischen Juli und August frischen und junge Bachen bereits im Alter von acht Monaten rauschig werden.

Unterschiede zwischen Bache und Keiler

Bachen mit Frischlingen sind sehr standorttreu, aber auch argwöhnisch. Bevor sie austreten, sichern sie fast immer lange. Die Leitbache führt meist die Rotte an, manchmal lassen erfahrene Bachen allerdings anderen Rottenmitgliedern bei Kirrungen oder bei Treibjagden den Vortritt. Erreicht eine Bache ein Lebensalter von zehn Jahren oder darüber, dann führt sie meist nicht mehr und wird zur Einzelgängerin. Solch alte Damen können besonders heimlich und im Revier praktisch unsichtbar werden.

Keiler sondern sich bereits ab dem zweiten Lebensjahr von der Rotte ab und leben fortan als Einzelgänger. Nur in der Rauschzeit suchen sie die Nähe von Rotten. Ihre Streifgebiete sind wesentlich größer als die der Bachen, besonders während der Rauschzeit, wenn sie auf Brautschau sind.

Wird ein Keiler gestört, sucht er möglichst ungesehen das Weite. Anders die führende Bache: Kommt man ihr etwa im Wurfkessel zu nahe, greift sie fast immer an.

Weniger Scheu und mehr Erfahrung

Es fällt auf, dass Schwarzwild in einigen Gebieten die Scheu vor Menschen zusehends ablegt. Neben einzelnen Rotten, die etwa in städtischen Randbezirken unterwegs sind, trifft das auch auf jenes Schwarzwild zu, das durch intensive Bejagung oder ständige Beunruhigung in seinem ureigensten Lebensraum gestört wird. Viele Tiere verlieren dabei ihre Furcht vor Mensch und Hund und treten diesen auch wehrhaft gegenüber.

In einigen Saurevieren ist dieses Verhalten selbst bei Riegeljagden zu sehen: Jagderfahrene, ältere Wildschweine lassen sich nur mehr schwer vor die Schützen bringen, da sie eher durch die Treiberkette brechen und danach seelenruhig im Trieb ver-

harren – also auch nicht dem am Rückwechsel stehenden Jäger kommen. Gerade Bachen, die schon einmal Frischlinge bei einer Jagd verloren haben, scheinen geradezu einen sechsten Sinn dafür zu entwickeln, wo es im Trieb am ungefährlichsten ist.

Streifgebiete

Bachen mit sehr jungen Frischlingen gehen auf Nummer sicher und bewegen sich meist auf sehr engem, vertrautem Raum. Wenn der Nachwuchs größer ist, nutzen Rotten Reviere zwischen 150 und 2500 Hektar, das Hauptstreifgebiet ist um die 300 Hektar groß. Überläuferrotten ziehen schon etwas weitere Kreise. Die größten Strecken legen mit Sicherheit einzelgängerische Keiler zurück, die auf Nahrungssuche oder in der Rauschzeit kilometerweite Wege zurucklegen.

Tagesablauf

Schwarzwild hat meist feste, ruhig gelegene Einstände, aus denen es abends zur Nahrungssuche aufbricht und in die es sich morgens wieder zurückzieht. Während der Sommermonate, wenn die Felder vor der Ernte hoch stehen und reichlich Nahrung bieten, bleiben Rotten dort nicht selten auch während des Tages.

Die Wanderungen der Sauen dienen in erster Linie der Suche nach Fressbarem. Zu diesem Zweck können sie bis zu zwölf Stunden ohne Unterbrechung unterwegs sein. Zurückgelegte Wegstrecken von zehn Kilometern sind dabei keine Seltenheit.

Schwarzwild ist nicht zwingend nachtaktiv. In störungsarmen Gebieten ist es auch tagsüber im Wald oder auf Wiesen beim Brechen anzutreffen.

Jahresablauf

Beginnen wir mit der Rauschzeit, die sich in den meisten Revieren zwischen November und Ende Jänner abspielt und die von der Bache ausgelöst wird. Das Feuchtblatt schwillt an und sondert dünnflüssigen Schleim ab. Während dieser Zeit sind Bachen unruhiger und auch deutlich erregbarer als im übrigen Jahr. Bachen werden spätestens im zweiten Lebensjahr fortpflanzungsfähig.

Während der Rauschzeit suchen die sonst einzelgängerischen Keiler die Nähe der Rotten. Und kommen sich zwei männliche Rivalen dabei in die Quere, brechen mitunter heftige Kämpfe aus. Während der Paarung klappern die Keiler lüstern mit ihren Waffen. Durch dieses Wetzen entsteht deutlich sichtbarer steifer

Schaum, der auch an Ästen und Stämmen abgestreift wird. Wie hoch der Schaum abgestreift wird, macht Artgenossen klar, wie groß der durchwechselnde Keiler war. Ähnlich dem Rothirsch sondert ein rauschiger Keiler auch Spritzharn ab.

Nach der Paarung folgt für die Bache eine Tragzeit von rund 18 Wochen. Schon vor der Geburt löst sie sich von der Rotte und zieht sich in einen Wurfkessel zurück, der meist gut geschützt und von Pflanzen umwachsen liegt. Die Bache polstert den Kessel mit Gräsern und Laub aus, um die kälteempfindlichen Neugeborenen zu schützen. Bachen frischen zwischen März und April zwischen vier und höchstens zwölf Frischlinge. Rund zwei Wochen bleibt die Mutter mit dem Nachwuchs im Wurfkessel, danach folgen ihr die Frischlinge, welche rund drei Monate gesäugt werden.

Führende Bachen, die sich noch im Wurfkessel befinden, sind bekannt wehrhaft und angriffslustig. Das bekommen nicht nur Jäger oder Wanderer zu spüren, die zwischen die Fronten geraten, sondern auch körperlich weit überlegene Keiler, für die die Frischlinge auch als Nahrung in Frage kommen.

Sind die Frischlinge erst groß genug, folgen sie der Bache auf den Streifzügen. Gerade in den ersten Lebenswochen ziehen solche Rotten aber noch sehr kleine Kreise.

Von September bis in den Spätherbst hinein sind die Wildschweine – ob große Rotte oder alleinziehender Keiler – vor allem auf Futtersuche, um für den Winter Reserven anzulegen. Je nach Gebiet und Nahrungsangebot ziehen die Rotten mit den im Frühjahr geworfenen Frischlingen nun auch schon weitere Kreise.

Altersklassen

Die Frischzeiten bei Schwarzwild können sehr unterschiedlich sein. In einigen Gebieten ist, wie gesagt, Nachwuchs das ganze Jahr über möglich. Man muss daher bei einer Altersklassen-Einteilung immer vom tatsächlichen Alter des Stückes ausgehen. Ein Frischling kann also sowohl im März als auch im Oktober zum Überläufer werden – je nachdem, wann er geboren worden ist.

Hier die gängigen Bezeichnungen für die Altersklassen:

Alter	*Keiler*	*Bache*
0 bis 12 Monate	Frischlingskeiler	Frischlingsbache
13 bis 24 Monate	Überläuferkeiler	Überläuferbache
ab 3. Lebensjahr	zweijähriger Keiler	zweijährige Bache
ab 4. Lj.	dreijähriger Keiler	dreijährige Bache
ab 5. Lj.	angehend hauender Keiler	grobe Bache
ab 6. Lj.	hauender Keiler	grobe Bache
ab 7. Lj.	grober Keiler	grobe Bache
ab 8. Lj. und älter	Hauptschwein	grobe alte Bache

Keiler können in freier Wildbahn rund 10 Jahre alt werden, erreichen dieses Alter aber nur selten. Bachen können in Einzelfällen sogar 15 Jahre und älter werden.

Fortpflanzung

Rein rechnerisch – aber ohne Bejagung und sonstige Ausfälle auch praktisch möglich – können eine einzige Bache und ein einziger Keiler nach nur fünf Jahren rund 500 Nachkommen haben. Ein eindrucksvolles Beispiel, wie stark sich Wildschweine von Natur aus vermehren können!

Die Geschlechtsreife tritt bei ausreichender Nahrung und gutem Bestandesaufbau zwischen 8 und 18 Monaten ein, wobei Bachen im Normalfall erst im zweiten Lebensjahr rauschig werden. Keiler gelten erst ab Ende des dritten Lebensjahres als erwachsen. Eine Bache frischt in unseren Breiten im statistischen Durchschnitt pro Jahr zwischen vier und fünf Frischlinge. In Mastjahren und schneearmen Wintern kann sich die Zahl aber erhöhen. Bei älteren Bachen gibt es zudem weniger Ausfälle.

Zuwachsrate und Zählung

Gerade bei Schwarzwild wird der jährliche Zuwachs meist unterschätzt, dieser hängt aber immer auch von Witterung, Nahrung und Lebensraum ab. Gute Mastjahre sind gute Saujahre, langer Frost ist hingegen nachteilig.

Auch die Klimaerwärmung spielt eine wesentliche Rolle: Das Lebensraumangebot für Schwarzwild wird dadurch nicht nur größer, sondern auch die Mastjahre gibt es häufiger, und sie fallen zudem stärker aus.

Der Mensch fördert Schwarzwild oft ungewollt, sodass es ausgezeichnete Lebensbedingungen vorfindet: Forstbetriebe stellen mancherorts von reinen Nadelhölzern wieder auf Laub- oder Mischwälder um. Intensive Landwirtschaft sorgt für reichlich Nahrung, Flächenstilllegungen für Lebensraum.

Wieviel jährlich zuwächst, darüber entscheidet vor allem die Zahl der Bachen. Zählungen machen erst ab einer Reviergröße von 500 Hektar Sinn. Sie sollten in jedem Fall drei Mal wiederholt werden. Am besten zählt man, wenn zumindest zwei

Monate lang – etwa von Februar bis April – nicht auf Schwarzwild gejagt worden ist und es daher vertrauter ist. Außerdem sind regelmäßige Aufzeichnungen übers Jahr von Vorteil – oder noch besser: über Jahre.

Am einfachsten zu zählen sind die Bachen naturgemäß bei Kirrungen oder Fütterungen und wenn mehrere Jäger im Revier zur selben Zeit ansitzen und ihre Beobachtungen unmittelbar danach abgleichen. Dies kann beispielsweise in einer Mondnacht ab Einbruch der Dunkelheit erfolgen. Der Ansitz der beteiligten Jäger sollte ein paar Stunden währen. Für den, der es mag, können auch Fotofallen zusätzliche Hinweise bringen.

Ursachen für Bestandeszunahmen

Schwarzwild vermehrt sich von Natur aus stark. Wenn Sauen mancherorts überhand nehmen, trägt nicht selten der Mensch massiv dazu bei. Einige der Ursachen – von der falschen Bejagung bis zur Fütterung – sowie brauchbare Faustregeln zur Vermeidung von Bestandeszunahmen sollen hier kurz genannt werden:

- In Gebieten, wo Schwarzwild keine natürliche Äsung findet, sollte man nicht durch regelmäßiges Füttern versuchen, Sauen sesshaft zu machen.
- Sporadisch durchwechselnde Sauen sollten nicht sofort und überall mit reichlich Futter ans Revier „gekirrt" werden. Wenige und gezielte Ablenkfütterungen können hingegen Sinn machen, etwa um Wildschäden auf nahen Feldern zu vermeiden.
- Auch ohne gesetzlich vorgegebenen Abschussplan ist Schwarzwild nicht vogelfrei. Bei der Jagd auf Sauen darf daher nicht wahllos erlegt werden, was vor die Büchse kommt.

- Führende Bachen sind für den Bestand wesentlich. Ihre Erlegung ist verantwortungslos und kann sehr weitreichende negative Folgen haben.
- Wildbretgewicht ist nicht alles! Wer etwa im Sommer Frischlinge – aufgrund ihres noch zu geringen Gewichtes – schont, tut dem Bestand insgesamt nichts Gutes und kann auch mit höheren Schäden rechnen.

2. Ansprechen

Spuren

Wie kein anderes Wild machen sich Wildschweine schon lang vor dem heiß ersehnten Anblick bemerkbar: Frische Fährten und Brechstellen, Suhlen und Malbäume, aber auch lautes Grunzen verraten die Sauen im Revier. Das folgende Kapitel schärft den Blick und spitzt die Ohren dafür, was man aus diesen Spuren und Geräuschen herauslesen kann.

Fährten

Das Trittsiegel von Schwarzwild ist unverkennbar: Die Afterklauen drücken sich selbst bei ruhigem Ziehen auf tieferem Boden oder Schnee deutlich ab. Verwechslungsgefahr besteht höchstens mit Rotwild, meist macht aber die geringere Schrittlänge klar, dass hier Schwarzkittel unterwegs waren. Rotten hinterlassen zudem kleine Trampelpfade mit sehr unterschiedlichen Trittsiegel-Größen.

Frische Fährten sind immer auch ein Hinweis, wo und wieviele Sauen sich gerade im Revier bewegen. Bei einer Einzelfährte hat man es fast immer mit einem Keiler zu tun. War eine Rotte unterwegs, gehört die stärkste Fährte meist der Leitbache, nur in der Rauschzeit kann sich eine Keilerfährte dazumischen. Alle schwächeren Abdrücke stammen von Überläufern und Frischlingen.

Schalenlänge und Schalenbreite

Will man es genauer wissen, so geben Länge und Breite eines einzelnen Schalen-Abdruckes Auskunft. Für die Schätzung werden die Abdrücke der Vorderhämmer gemessen. Diese sind stärker als die Hinterhämmer und auf weichem Boden gut als solche zu erkennen:

Alter	*Schalenlänge*	*Schalenbreite*
Frischling (männlich/weiblich)	3,0 – 5,5 cm	2,5 – 4,5 cm
Überläufer (männlich/weiblich)	5,5 – 6,5 cm	4,5 – 5,5 cm
junge Bache (3- bis 4jährig)	6,0 – 7,5 cm	5,0 – 6,0 cm
grobe Bache (5jährig und älter)	7,5 – 8,5 cm	6,0 – 6,5 cm
junger Keiler (etwa 3jährig)	6,5 – 7,5 cm	5,5 – 6,0 cm
(angehend) hauender Keiler (4- bis 5jährig)	7,5 – 9,0 cm	6,0 – 7,0 cm
grober Keiler/Hauptschwein (6jährig und älter)	9,0 – 11,0 cm	7,0 – 8,0 cm

Die Angaben sind lediglich Richtwerte. Vor allem junge Keiler sind nur schwer von Bachen zu unterscheiden. Eine Zuordnung zu den Altersklassen „Frischling", „Überläufer" und „grobe Sau" ist allerdings möglich.

Schalenformen

Außer der Länge und der Breite kann auch die Schalenform etwas verraten. Bei Überläufern sind etwa die Vorderhämmer im Vergleich zu den Hinterhämmern breiter. Dadurch erscheinen die Schalen der Hinterhammer länger. Mit zunehmendem Alter schwindet dieser Unterschied.

Bei 2- bis 3jährigen Keilern ist das Geäfter noch spitz und lang. Bei älteren Keilern krümmen sich die Spitzen der Geäfter zueinander. Ein kräftiges und richtig dickes Geäfter an den Vorderhämmern deutet bereits auf ein Hauptschwein hin.

Ein weiteres Merkmal für den Fährtenleser: Je älter das Wildschwein, desto mehr nützen sich die Schalenspitzen und Ballen ab. Sind Geäfter, Rundungen der Schalen und Schalenspitzen im Trittsiegel stark abgedrückt, deutet daher – neben der Größe – vieles auf ein starkes und reifes Stück hin.

Beim vertraut ziehenden groben Keiler kommt noch etwas hinzu: Er setzt die schwächeren Schalen der Hinterhämmer hinter die wesentlich stärkeren Schalen der Vorderhämmer.

Bei der Fluchtfährte werden die Schalen der Vorderhämmer nebeneinander und die Schalen der Hinterhämmer hintereinander gesetzt. Dabei sind Schalen und Geäfter gespreizt und die Schalenspitzen deutlich in den Boden eingedrückt.

Schrittweite

Die Schrittweite gibt Aufschluss über Körperstärke und Höhe der Vorder- und Hinterhämmer. Lässt sich eine Fährte daher gut verfolgen, gibt sie brauchbar Auskunft über das Alter des Stückes. Folgende Längenangaben dienen als Richtlinie:

Frischling	15 – 25 cm
Überläufer	25 – 35 cm
Bache	35 – 45 cm
junger Keiler (etwa 3jährig)	35 – 45 cm
(angehend) hauender Keiler (4- bis 5jährig)	45 – 55 cm
grober Keiler/Hauptschwein (6jährig und älter)	55 – 70 cm

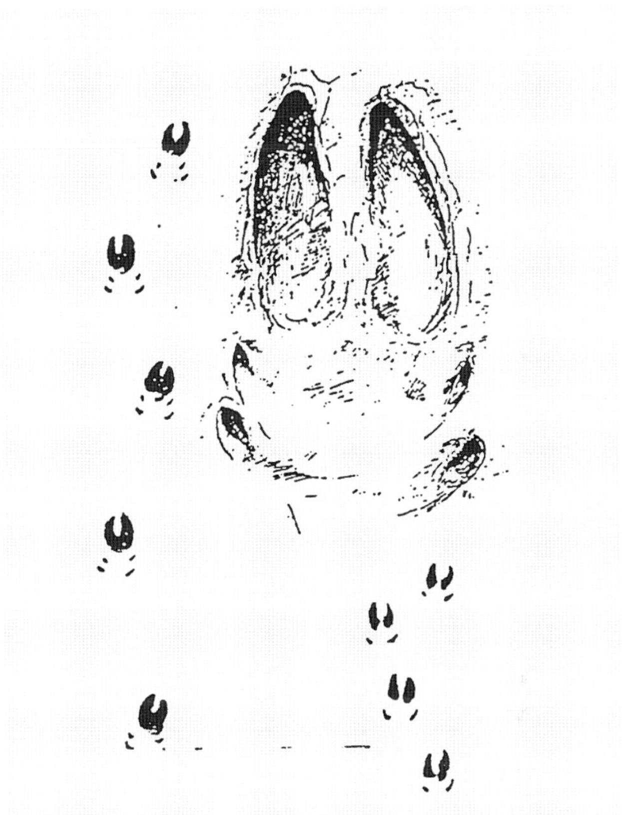

Trittsiegel und Fährte: links ziehend, rechts flüchtig.

Typisch für Schwarzwild: Die beiden Schalen können unterschiedlich geformt sein.

Losung

Als Allesfresser nimmt das Wildschwein übers Jahr unterschiedlichste Nahrung zu sich. Das spiegelt sich auch in der Losung wieder: Sie reicht von weich über breiig bis fest. Meist ist sie aber fest und hat die Form einer Kugel, eines gepressten Ballens oder einer dicken Wurst. Im Gegensatz zu wiederkäuendem Schalenwild wie Hirsch oder Reh findet man an der Oberfläche manchmal deutliche Nahrungsreste.

Suhlen und Malbäume

Schwarzwild suhlt das ganze Jahr über, um Ungeziefer loszuwerden. Bevorzugt werden dafür morastige Stellen in ruhigen Gebieten. An besonders heißen Sommertagen suchen Sauen auch größere Wasserlacken auf. Befinden sich in einem Sauenrevier nicht genügend natürliche Suhlen oder trocknen diese häufig aus, lohnt es sich, künstliche anzulegen. Wie wichtig Suhlen für Wildschweine sind, zeigt sich bei Treibjagden: Gehetztes und damit erhitztes Wild kühlt sich manchmal in einem Schlammbad, um danach die Flucht fortzusetzen.

Liegt eine Suhle versteckt oder hinter einer Geländekante verborgen, verraten umliegende Bäume, wo sie liegt. Diese Malbäume, an denen sich die Wildschweine nach dem Bad die Schwarten reiben, sind aufgrund der hellen Schlammspuren weithin sichtbar. Interessanterweise ziehen Sauen dafür – so im Revier vorhanden – die Stämme harzender Nadelbäume denen der meist glatten Laubbäume vor (siehe Fotos Seite 59).

Brechstellen

Jeder kennt die auffälligen Spuren, die Schwarzwild hinterlässt, das im Gebräch steht: An den Rändern von Forststraßen oder im weichen Waldboden ackern die Wildschweine mit Scheibe

und Gebrech kraftvoll um. Bis auf vereinzelte Setzlinge, die dabei ausgegraben werden, richten Sauen im Wald kaum Schaden an. Im Gegenteil: Schwarzwild durchlüftet und lockert auf der Suche nach Eicheln, Bucheckern oder Würmern den Boden. Besonders häufig findet man solche Brechstellen nach Regenfällen, wenn der Boden aufgeweicht ist und das Schwarzwild auf der Suche nach Larven, Engerlingen und Würmern leichtes Spiel hat (siehe Foto Seite 60 oben).

Was im Wald meist noch geduldet oder gar willkommen ist, kann auf landwirtschaftlichen Flächen zum Problem werden: wenn die Wildschweine die Wiesen umackern oder die frische Saat aus dem Boden holen.

Lautäußerungen

Sauen haben eine große Bandbreite an Lauten, um sich zu verständigen oder ihre Stimmung auszudrücken. Diese reicht vom Alarmschlagen bis zum markerschütternden Schmerzlaut.

Quieken

Frischlinge quieken, wenn sie hungrig sind. Typisches Beispiel: Die Bache liegt in Seitenlage, der Nachwuchs saugt an den Zitzen und quiekt dazwischen. Außer beim Säugen ist das Quieken aber auch ein wichtiger Kontaktlaut zwischen den Frischlingen und der Bache, welche meist mit einfachem Grunzen antwortet. Verliert ein Frischling die Rotte, dann quiekt er, bis er wieder Anschluss gefunden hat.

Grunzen

Das schnarchähnliche, eher mittellaute Grunzen drückt vor allem Wohlbefinden aus. Es ist eine Lautäußerung, mit der bereits die Mutterbache ihre Frischlinge auf sich prägt. Das Grunzen ist meist beim Fressen zu hören. In der Tonhöhe kann es von Tier zu Tier unterschiedlich sein.

Blasen oder Schnaufen

Stößt ein Wildschwein ein kurzes kräftiges „Wuufff" aus, so warnt und alarmiert es meist Artgenossen vor einer Gefahr. Oft bleibt es dabei wie erstarrt stehen und flüchtet erst danach.

Klagen

Klagt ein Wildschwein mit einem sehr hohen Quieken oder Schreien, hat es Angst oder Schmerzen. Das Klagen kann auch in ein anhaltendes Schreien übergehen. Im Revier hört man eine Sau klagen, wenn sie etwa von einer Ranghöheren verjagt oder unsanft weggeschubst wird. Auch bei schlechten Schüssen klagt die Sau.

Wetzen

Das drohende Wetzen oder Kieferklappern hört man als Jäger meist nur dann, wenn man einer kranken Sau zu nahe kommt und diese kurz vor dem Angriff steht. Mitunter ist es aber auch von einem rauschigen Keiler während der Paarungszeit zu vernehmen.

Wildkörper

Steht man im Revier vor einem Wildschwein oder vor einer Rotte, so erkennt man an einzelnen Körpermerkmalen, ob man eine Bache oder einen Keiler, einen Überläufer oder ein älteres Stück vor sich hat.

Schwartenfärbung

Während die Schwarte im Winter zottelig und dunkelgrau bis schwarz ist, erscheint sie im Sommer kurz, glatt und meist silbergrau. Bei alten Keilern und auch Bachen ähnelt die Sommerschwarte einer Elefantenhaut, die Borsten am Kamm – also an Nacken und Vorderrücken – sind länger als bei jüngeren Stücken.

Einen sicheren Hinweis auf das Alter gibt die Schwarte nicht – außer bei den zunächst gestreiften und nach rund zwei Monaten meist ins Bräunliche wechselnden Frischlingen. Ein bräunliches Wildschwein muss aber nicht zwingend ein älterer Frischling sein, genausowenig deutet eine dunkle Schwarte immer auf einen Überläufer oder ein noch älteres Stück hin. Untersuchungen haben gezeigt: Fast jedes vierte Wildschwein weicht von einem solchen Farbmuster ab. Mitunter kommen auch gescheckte oder blonde, hausschweinähnliche Sauen vor.

Haarwechsel

Ab Mai, wenn die Tages- und Nachttemperaturen steigen, beginnt der Haarwechsel: Beim Suhlen, beim Durchstreifen von Dickungen oder an den Malbäumen verliert das Schwarzwild sein dichtes Winterhaar. Die Sauen wirken in dieser Zeit struppig und sehen nach Verlust der Winterborsten fast nackt aus. Die Sommerbehaarung ist kurz und glatt (siehe Foto Seite 72 oben).

Keiler und jüngere Stücke haben meist bereits im Juni das Winterhaar zur Gänze verloren, ihr Körper ist silbergrau. Das kurze Sommerhaar lässt sie außerdem hochläufig und mager erscheinen. Bei führenden Bachen setzt der Haarwechsel später ein. Bis August ist der Haarwechsel bei allen Wildschweinen abgeschlossen.

Das nächste Winterhaar wächst, wenn es wieder abkühlt und die Temperaturen in der Nacht fallen. Bis Ende Oktober ist der Haarwechsel ins Winterhaar meist erfolgt. Die Winterschwarte hat dichte Unterwolle, lange raue Borsten, und am Kamm ist der Saubart gut zu sehen. Die Färbung der Winterschwarte reicht von grau bis schwarz (siehe Fotos Seiten 76 bis 79).

Gewicht

Wie schwer Wildschweine in freier Wildbahn werden, hängt von Nahrung und Lebensraum ab. Gerade in und nach Mastjahren, in denen es Eicheln oder Bucheckern ohne Ende gibt, staunen selbst erfahrene Saujäger über die Auswirkungen auf das Wildbretgewicht.

Ähnlich wie beim Rotwild sind auch Sauen in Tieflagen oft deutlich schwerer als woanders. Zudem spielt die Jahreszeit eine maßgebliche Rolle. So wiegt etwa ein Keiler vor der kräftezehrenden Rauschzeit deutlich mehr als danach. Ausgewachsene

Keiler haben in unseren Breiten ein Gewicht zwischen 90 und 170 Kilogramm, ausnahmsweise auch mehr. Das Gewicht von ausgewachsenen Bachen liegt meist deutlich unter dem der männlichen Artgenossen. Aber auch hier: Gerade alte Bachen können im reifen Alter Keilern ähnlich werden und auch annähernd deren Gewicht erreichen. Das Gewicht allein sagt also nur wenig über Alter und Geschlecht eines Wildschweines aus.

Form

Mit zunehmendem Alter gibt die Form des Wildkörpers brauchbare Hinweise: Bei Überläufern verteilt sich das Gewicht gleichmäßig, der Körper wirkt noch jugendlich und hochläufig. Bei Bachen überwiegt die rundliche Form, während bei Keilern die Masse über den Vorderhämmern liegt und die Schulterpartie deutlich sichtbar ist (siehe Fotos Seite 76).

Bauchlinie

Die Bauchlinie kann Auskunft über das Geschlecht geben. Schon ab dem Überläufer-Alter ist bei Keilern der Pinsel gut erkennbar, je älter das Stück umso deutlicher (siehe Foto Seite 71 oben). Beim Keiler ab dem 2. Lebensjahr sind die Hoden von hinten sichtbar, im späteren Alter fast unübersehbar.

Bei führenden Bachen sieht man das Gesäuge (siehe Foto Seite 69 oben), das sich aber – vorausgesetzt, dass die Bache im März gefrischt hat – bereits im Herbst zurückbildet. Um sicherzugehen, dass eine Bache nicht führt, braucht der Jäger Geduld. Erst wenn er sich hundertprozentig davon überzeugt hat, dass keine Frischlinge nachkommen, darf er zur Büchse greifen.

Rückenlinie

Während die Rückenlinie bei allen Frischlingen noch gerade oder leicht rundlich verläuft, ändert sich diese später je nach Geschlecht. Bei Bachen bleibt die Rückenlinie gerade oder rund (siehe Foto Seite 65 unten), schon bei Überläuferkeilern beginnt der Rücken aber Richtung Bürzel abzufallen. Ältere Keiler bekommen zudem einen sogenannten Karpfenrücken, eine Art Buckel in Höhe der Vorderhämmer, sowie einen „Kamelhöcker“, der deutlich Richtung Bürzel abfällt (siehe Foto Seite 75 unten).

Bürzel

Das Wildschwein hat einen deutlich ausgebildeten Schwanz, den Bürzel. An dessen Ende befindet sich ein Haarbüschel, die Quaste. Ein Frischling hat noch keine Quaste, auch beim Überläufer ist diese kaum ausgebildet (siehe Fotos Seite 70). Bei der älteren Bache ist die Quaste bereits deutlich zu sehen, beim Keiler ist sie meist noch stärker und länger als bei der Bache und außerdem dunkel (siehe Foto Seite 79 oben).

Haupt

Im Vergleich zum restlichen Körper ist das Haupt des Frischlings noch sehr klein und stumpf. Im Überläufer-Alter ist es schon deutlich größer, markante Unterschiede zwischen Keiler und Bache erkennt man aber erst später. Während die Bache meist einen langen keilförmigen Kopf bekommt (siehe Foto Seite 65 oben), ist dieser beim Keiler massiger und stumpfer und mehr als Dreieck ausgebildet. Bei starken alten Keilern macht das kräftige Haupt rund ein Drittel des gesamten Wildkörpers aus. Doch Vorsicht: Mitunter haben auch alte Bachen einen kurzen und stumpfen Kopf.

Waffen

Spricht man bei Wildschweinen von den „Waffen“ oder dem „Gewaff“, sind lediglich die Eckzähne gemeint. Beim Keiler heißen diese im Oberkiefer „Haderer“, im Unterkiefer „Hauer“ oder „Gewehre“. Bei der Bache ist die Bezeichnung „Haken“ für alle vier Eckzähne im Ober- und Unterkiefer gebräuchlich.

Bei Frischlingen oder Überläufern sind die Waffen nicht oder nur kaum sichtbar, bei der Bache verstecken sich diese meist unter der Schwarte. Im Gegensatz dazu sind beim Keiler schon bald deutliche Wülste am Haupt zu erkennen, und mit zunehmendem Alter werden die Waffen von außen gut sichtbar.

Zähne

Wie bei anderem Schalenwild verrät auch beim Schwarzwild das Gebiss viel über das Alter. Die wichtigsten Eckdaten – vom Milchgebiss bis zur Unterscheidung zwischen Bache und Keiler – sind im Folgenden zusammengefasst.

Zur Erklärung vorab: Im Milchgebiss sind die lateinischen Kürzel für Schneidezähne, Eckzähne und Vordere Backenzähne klein geschrieben, im Dauergebiss hingegen groß.

Milchgebiss

Bei der Geburt sind die Milchzähne entweder bereits vorhanden oder brechen dann in den nachfolgenden Wochen durch. Das Milchgebiss hat bereits Schneidezähne (i für „Incisivi“) und Eckzähne (c für „Canini“), allerdings fehlen im Gegensatz zum Dauergebiss noch der vordere Backenzahn P 1 (P für „Prämolar“) sowie die Backenzähne M 1, M 2 und M 3 (M für „Molar“). Die Schneidezähne sind zunächst noch stiftförmig, der vordere Teil des Gebrechs bleibt vorerst noch zahnfrei, da Frischlinge so besser Muttermilch saugen können.

Das Milchgebiss hat insgesamt 28 Zähne und folgende Zahnformel:

Oberkieferast:	i1	i2	i3	c1	p2	p3	p4	x 2 = 14
Unterkieferast:	i1	i2	i3	c1	p2	p3	p4	x 2 = 14

Die verkürzte Schreibweise lautet:

$$\frac{3\,1\,3\,0}{3\,1\,3\,0}$$

Zahnwechsel

Der Wechsel auf die Dauerzähne geht folgendermaßen vor sich:

3. bis 4. Lebensmonat

Der letzte Backenzahn p 4 ist noch dreiteilig, die Milchschneidezähne i1 und i2 sind 4 bis 5 Millimeter breit. Die Eckzähne (c) sind stiftartig vorhanden.

6. bis 8. Lebensmonat

Es folgt der erste Dauerzahn, der Molar M 1 .

Außerdem kann der P 1 geschoben werden, der von Anfang an als Dauerzahn angelegt ist. Bei Wildschweinen kann allerdings der P 1 einseitig oder auch beidseitig fehlen.

10. bis 12. Lebensmonat

Die äußeren Schneidezähne (I 3) wechseln.

Beim Keiler brechen die Spitzen der Gewehre durch und werden sichtbar (siehe Foto Seite 82 oben). Die Kaufläche des noch dreiteiligen p 4 ist bereits abgenutzt.

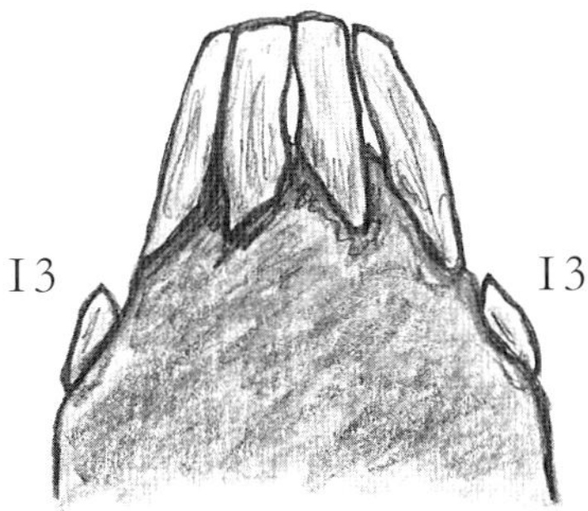

Frischling mit etwa 12 Monaten:
Die äußeren Schneidezähne wechseln.

12. bis 13. Lebensmonat

Die äußeren Schneidezähne (I 3) sind gewechselt, der noch dreiteilige Backenzahn p 4 ist stark abgenutzt und kurz vor dem Wechsel. Der zweite Dauerzahn, der Molar M 2, bricht durch.

Die Milchhaken – wie die Milch-Eckzähne von Bache und Keiler genannt werden – sind durch Dauereckzähne (C) ersetzt: Man erkennt daran den Überläufer.

14. bis 15. Lebensmonat

Die inneren Schneidezähne (I 1) wechseln, ebenso wird der dreiteilige Backenzahn p 4 zum zweiteiligen Dauerzahn. Vom Milchgebiss sind nur noch die mittleren Schneidezähne (i2) vorhanden.

18. bis 21. Lebensmonat

Die mittleren Schneidezähne (I 2) wechseln (siehe Foto Seite 82 unten), das Gebiss hat keinen dreiteiligen Prämolar mehr.

22. bis 24. Lebensmonat

Alle Schneidezähne sind gewechselt, der letzte Backenzahn M 3 bricht durch. Das noch sehr frische Gebiss weist keinerlei Abnützung auf (siehe Foto Seite 84 unten).

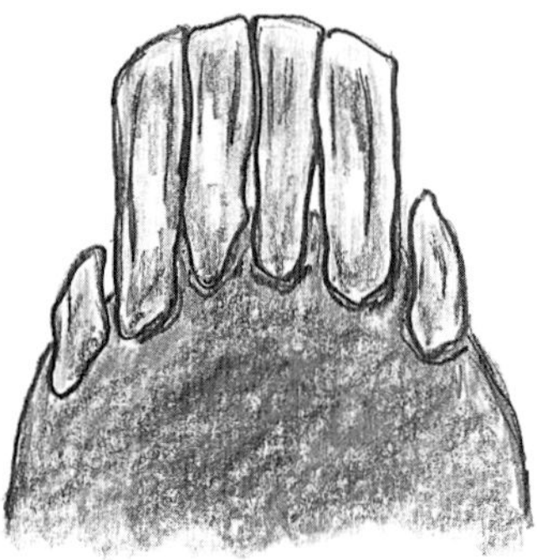

Überläufer mit etwa 24 Monaten:
Alle Schneidezähne sind gewechselt.

Das fertige Dauergebiss besteht aus insgesamt 44 Zähnen und hat folgende Zahnformel:

Oberkieferast:	I1	I2	I3	C1	P1	P2	P3	P4	M1	M2	M3	x 2 = 22
Unterkieferast:	I1	I2	I3	C1	P1	P2	P3	P4	M1	M2	M3	x 2 = 22

Die verkürzte Schreibweise lautet:

$$\frac{3\,1\,4\,3}{3\,1\,4\,3}$$

Altersschätzung

Bis zu einem Alter von 2 Jahren – vom Frischling bis zum Überläufer – ist eine Altersschätzung also anhand der Zahnentwicklung noch einfach. Darüber hinaus wird es schwieriger. Es gibt aber verschiedene Methoden, wie man am erlegten Stück das Alter brauchbar schätzen kann.

Abnützung der Schneidezähne

Nachdem der Schneidezahnwechsel – Milch- gegen Dauerzähne – bis zum 24. Lebensmonat abgeschlossen ist, findet vorerst noch keine Abnützung derselben statt. Eine deutliche Abnützung erkennt man erst ab dem 5. Lebensjahr. Bei Sauen, die noch älter sind, ist diese unübersehbar (siehe Fotos Seite 81).

Wurzelveränderung bei den Schneidezähnen

Bei den Milchschneidezähnen sind die Wurzeln geschlossen. Bei den Dauerschneidezähnen sind mit Ende der Überläuferzeit – also nach dem 24. Lebensmonat – die Wurzeln bei den inneren Schneidezähnen (I 1) halb offen und bei den danebenliegenden Schneidezähnen (I 2) noch ganz offen. Danach beginnen sie sich mit zunehmendem Alter zu schließen und sind ab dem 6. Lebensjahr komplett geschlossen (siehe Fotos Seite 83).

Wurzelveränderung bei den Waffen

Bei den Bachen verändert sich mit zunehmendem Alter der Wurzelbereich der Haken. 2jährige Bachen haben noch einen komplett offenen Wurzelbereich. Dieser hat eine Länge von rund 7 Millimetern und eine Breite von 5 Millimetern. Ab dem 4. Lebensjahr ist bereits eine ovale Einschnürung zu erkennen. Bis zum 6. Lebensjahr ist schließlich nur noch eine kleine Öffnung mit rund 1 Millimeter Durchmesser zu sehen. Mit noch höherem Alter verschließt sich die Wurzel komplett (siehe Foto Seite 86 unten).

Die Hauer (Gewehre) und die Haderer der Keiler sind gegenüber den Haken einer Bache wesentlich länger und stärker, und der Wurzelbereich verjüngt sich bei diesen erst ab einem Alter von etwa 8 Jahren geringfügig. Zudem verschließt sich der Hohlraum der Hauer (Gewehre) und Haderer mit zunehmendem Alter – ab 6 Jahren – von innen her.

Unterm Strich gibt die Wurzelveränderung einen brauchbaren Anhaltspunkt, ob es sich um ein junges, mittelaltes oder altes Stück Schwarzwild handelt.

Altersschätzung beim Keiler

Unmittelbar nach der Erlegung gibt die Abnutzung der Schneidezähne sowie der Backenzähne erste Hinweise auf das Alter. Will man es genauer wissen, muss ausgekocht und gerechnet werden.

Durchmesserveränderung nach Brandt

Man nimmt die Hauer (Gewehre) des Keilers, misst zunächst den Durchmesser am Wurzelende und dividiert diesen mit dem Durchmesser an der Schleifecke (siehe Zeichnung rechts oben + Foto Seite 86 oben).

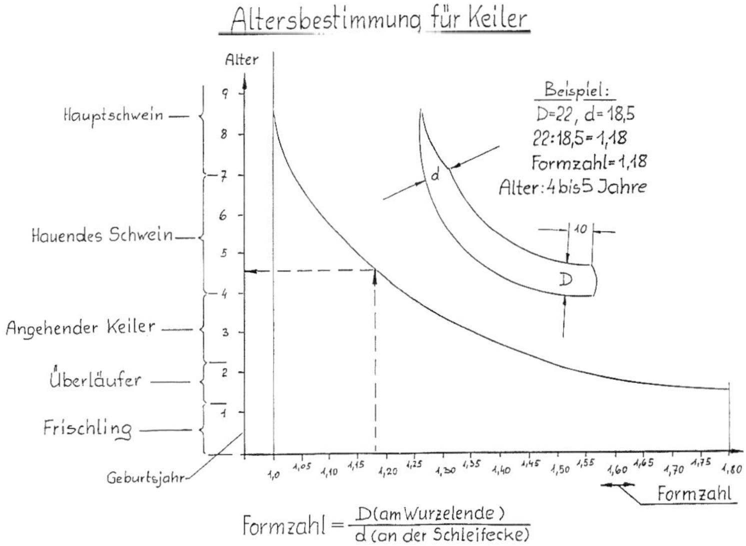

Hier das obige Beispiel in Zahlen:

D (= Durchmesser am Wurzelende):	22 mm
d (= Durchmesser an der Schleifecke):	18,5 mm

22 : 18,5 = 1,18

Laut Diagramm beträgt das Alter des Keilers etwa 4 Jahre.

Das Ergebnis gibt zwar keinen hundertprozentigen, aber dennoch einen brauchbaren Aufschluss über das Alter des Keilers.

Diese Methode orientiert sich am Breitenwachstum der Hauer (Gewehre). Bei alten Keilern ist dieses nämlich weitgehend abgeschlossen, die errechnete Zahl geht also gegen 1,00.

Um schnell auch ohne Diagramm auf das Alter hochzurechnen, dient die folgende Tabelle als Hilfe.

errechnete Zahl	*Alter des Keilers*
von 1,80 bis 1,50	1jährig
von 1,50 bis 1,30	2jährig
von 1,30 bis 1,20	3jährig
von 1,20 bis 1,15	4jährig
von 1,15 bis 1,10	5jährig
von 1,10 bis 1,05	6jährig
von 1,05 bis 1,03	7jährig
von 1,03 bis 1,00	8jährig

Sichtbare Waffen

In Jägerkreisen gilt bei den Keilerwaffen seit jeher der Spruch „ein Drittel raus, und zwei Drittel drin". Auf Deutsch: Nur ein verhältnismäßig kleiner Teil der Waffen ist beim lebenden Wildschwein sichtbar, der große Rest sitzt im Kiefer und kommt erst nach dem Auskochen zum Vorschein. Als grobe Regel hält der Spruch zwar, umfangreiche Schädelmessungen haben aber bewiesen, dass dieses Größenverhältnis bei Keilern sehr unterschiedlich ausgeprägt ist und gerade bei älteren Keilern weit mehr an Waffenlänge zum Vorschein kommt als angenommen (siehe Fotos Seite 87 oben).

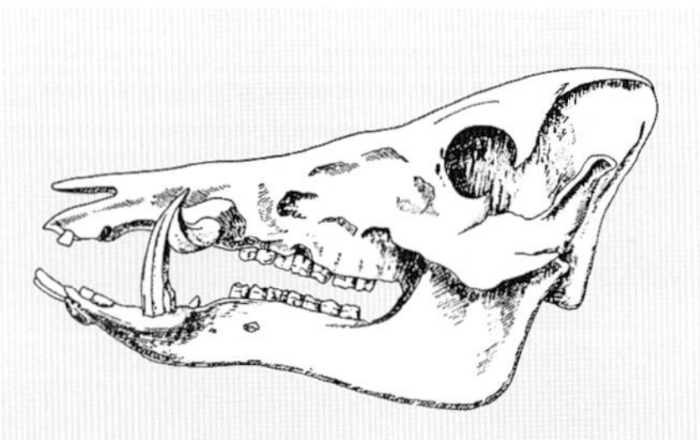

Vor dem erlegten Wildtier

Der erste Blick eines erfahrenen Saujägers gilt mit Sicherheit dem Wildkörper und wie sich die Körpermasse verteilt. Gerade bei älteren Keilern ist der Schwerpunkt deutlich ins vordere Drittel gerückt.

Danach wandern die Augen meist auf die Schalen: Wie stark sind sie, welche Form haben sie und sind sie bereits merklich abgenutzt (siehe Foto Seite 61 unten).

Erste Hinweise auf das Alter gibt auch die sichtbare Abnützung der Waffen und der Schneidezähne. Wie bei anderem Wild kann danach ein kurzer Griff in die mehr oder weniger abgeschliffenen Backenzähne noch zusätzlich Sicherheit geben.

Bei Keilern bietet sich auch die Stärke des Kurzwildbrets zumindest für eine grobe Altersschätzung an.

Auch beim Aufbrechen selbst bekommt der Jäger einen brauchbaren Hinweis: Je schwerer zu öffnen und je dicker die Schwarte, desto älter ist das erlegte Stück.

3. Jagd

Ansitz, Birsch und Treibjagd – auf Schwarzwild machen alle drei Jagdarten zur passenden Zeit Sinn. Die Treibjagd auf Sauen ist in den meisten größeren Schwarzwildrevieren nicht bloß stimmungsvoller Jahresausklang, sondern ein unverzichtbarer Bestandteil des Jagdjahres. Der Grund liegt weniger in der besonders aufregenden und spannenden Jagd, sondern weil man mittels Einzeljagd allein zu wenig abschöpft.

In den folgenden Kapiteln streifen wir kurz jene Punkte, auf die es bei der Schwarzwildjagd ankommt – vom richtigen Wetter bis zur passenden Kleidung.

Das richtige Wetter

Das sprichwörtliche Sauwetter kommt nicht von ungefähr: Zum einen nehmen Sauen bei anhaltend schlechtem Wetter verlässlicher die Kirrplätze an, zum anderen sind sie erfahrungsgemäß nicht ganz so vorsichtig. Auch kurz vor Wetterumschwüngen bekommt der Jäger Schwarzwild häufiger in Anblick.

Herrscht hingegen stabiles Hochdruckwetter mit langen Hitzeperioden, so kommen Sauen meist sehr spät aus den Dickungen und verschmähen auch häufiger Kirrplätze. In der kälteren Jahreszeit macht sich Schwarzwild vor allem dann rar, wenn der Boden gefroren und damit auch besonders laut ist. Anders im Frühling, wenn es taut: Der Boden lädt zum Brechen ein, erste Keimlinge sprießen, und die Wildschweine sind häufiger auf den Hämmern.

Unabhängig von der Jahreszeit ist der Wind der beste Verbündete der Wildschweine. Schwarzwild hat einen ausgezeichneten Geruchssinn und ist blitzschnell von der Bildfläche verschwunden, wenn es nach Gefahr riecht.

Im Mondschein

Schwarzwild kann einem im Mondschein begegnen – allerdings im besten Sinn der Redewendung! Allein die Vorstellung von starken Keilerwaffen, die im blauen Nachtlicht aufblitzen, lässt das Jägerherz höher schlagen. Einziger Haken: Allzu oft im Jahr wird einem ein solch magischer Anblick nicht zuteil.

In den kurzen Sommernächten steckt das Schwarzwild entweder in den Feldern, oder das Licht reicht einfach nicht aus, um halbwegs sicher anzusprechen oder gar zu schießen. Erst ab Oktober, wenn sich vielerorts der erste Reif über das Land legt, hat man bessere Karten. Wirklich spannend wird es aber erst, wenn Schnee liegt und einen guten Kontrast bietet. Kommen einem nicht dichte Wolken oder Nebel in die Quere, bieten sich vor allem jene Tage an, die zwischen Halbmond und Vollmond liegen. Die Abende gehen fast nahtlos in helle Mondnächte über. Zarter Nebeldunst oder kleine Wölkchen müssen dabei kein Hindernis sein, im Gegenteil: Gerade erfahrene Sauen treten bei allzu hellem Vollmondlicht oft nur zögerlich auf die Freie und sind äußerst vorsichtig unterwegs.

Wer bei seinem Revierrundgang frische Brechstellen findet, kann sich gute Chancen ausrechnen, dass die Sauen in der darauf folgenden Nacht wiederkehren. Auf entsprechend leisem Untergrund und in einem Revier mit genügend freien Flächen, auf denen Schwarzwild austritt, lohnt sich sogar die nächtliche Birsch. Erfahrene Saujäger verwenden dabei Lockinstrumente, um das Schwarzwild vor die Büchse zu bringen.

Ansitz

So man sich auf der Jagd nach den Schwarzkitteln nicht die Nacht um die Ohren geschlagen hat, bieten sich Morgen- und Abendansitz besonders an. Auch dabei spielt der Wind die entscheidende Rolle und die Kenntnis, wo im Revier die Wechsel verlaufen. Die besten Karten hat jener Jäger, der an diesen Wechseln ansitzt – und am besten ein gutes Stück von der eigentlichen Kirrung oder dem verlockenden Wildacker entfernt ist. Schlechtes Wetter oder ein Wetterumschwung sind dabei keinesfalls von Nachteil!

Ein offenes Wort noch zum Sauansitz: Reine Exekutionsplätze mit winterfester Kanzel, Kirrautomat und vielleicht noch gekalktem Schusskanal sind nicht nur jagdlich reizlos, sondern sprechen sich mit der Zeit auch unter dem schlauen Schwarzwild herum …

Birsch

Auch wenn viele Jäger mit Schwarzwild vor allem gutes Sitzfleisch verbinden, bietet gerade die Birsch gute Aussichten auf Weidmannsheil. Wichtigste Voraussetzung dafür: sehr gute Revierkenntnisse, schnelle Reaktion und natürlich der passende Wind. Kommt dazu ein Untergrund wie nasses Laub oder weicher Schnee, auf dem man nahezu geräuschlos unterwegs ist, stehen die Chancen gut, sich an Wildschweine heranzubirschen und einen sicheren Schuss abzugeben. Gerade wenn sich eine Rotte grunzend und schmatzend den Bauch vollschlägt, überhört und übersieht sie oftmals einen sich mit gutem Wind vorsichtig nähernden Jäger. Idealerweise bewegt man sich dabei vor möglichst dunklem Hintergrund – wie etwa dichtem Busch- oder Blätterwerk im Rücken – und nicht mitten auf der hellen Forststraße als deutlicher Schattenriss. Ist die Rotte einmal gestört und auf der Reise, macht es kaum Sinn ihr nachzubirschen oder zu versuchen, sie an einem Wechsel abzupassen.

Örtlich wie zeitlich bieten sich beim Schwarzwild mehrere gute Gelegenheiten für eine Birsch: Feld, Wiese oder Wald sind genauso geeignet wie etwa der frühe Morgen oder die helle Mondnacht. Der frühe Morgen deshalb, weil Sauen mitunter noch bei Tagesanbruch in den Feldern stecken und spät in die sicheren Einstände wechseln. Und für eine Nachsuche ist der anbrechende Tag zweifellos auch kein Nachteil.

In den meisten Revieren bekommt man Schwarzwild tagsüber wohl selten in Anblick, am ehesten noch im Regen nach langer Trockenheit. Zu überraschenden Begegnungen kommt es mitunter zur Rauschzeit, wenn ein Keiler auf der Suche nach Bachen auch tagsüber eine Dickung nach der nächsten durchstreift und unverhofft vor einem steht.

Sind eine oder mehrere Sauen durch frische Fährten in einer Dickung oder einem kleinen Waldstück bestätigt, gehen erfahrene Saujäger das Schwarzwild auch direkt an. Um auf Schussdistanz bis zum Kessel zu kommen, muss jeder einzelne Schritt besonders behutsam und genau gesetzt werden, ausreichend Deckung vorhanden sein, und natürlich muss der Wind mitspielen.

Lockjagd

Allein im Revier

Auch wenn es auf dem Markt einige, vermeintlich leicht zu bedienende Lockinstrumente zu kaufen gibt, das Locken von

Schwarzwild muss gelernt sein. Wildschweine sind hochintelligent und verfügen über ein gutes Gedächtnis. Ein zu häufiger und bedenkenloser Einsatz solcher Instrumente räumt daher schnell das Revier leer. Wie beim Blatten auf Rehwild: Weniger ist auch hier mehr.

Am sichersten ist man mit jenem Geräusch, das unserem Schnarchen ähnelt: das vertraute Grunzen. Mit ein wenig Übung ist es schnell zu imitieren, und Schwarzwild nimmt es auf rund zweihundert Meter wahr. Außerdem ist es jene Lautäußerung, die man am ehesten über längere Zeit ausprobieren kann, ohne das Wild zu vergrämen. Da Schwarzwild häufig dann grunzt, wenn es bricht oder frisst, sollte der Jäger bei der Lockjagd nicht auf einer hohen Kanzel sitzen, sondern am besten gut gedeckt am Boden stehen. Geübte Jäger ahmen dabei noch das Brechen von Wildschweinen nach, indem sie mit dem Fuß Laub oder Erde aufwühlen.

Auf der Bewegungsjagd

Das vertraute Grunzen wirkt auch tagsüber auf Bewegungsjagden Wunder. Hat man seinen Stand erst bezogen, ist der Trieb bereits angeblasen und die Treiberkette noch in weiter Ferne, dann beginnt man – die Erlaubnis des Jagdherren vorausgesetzt – die entspannten Grunzlaute nachzuahmen. Nähern sich die Treiber, glauben so die Wildschweine zu wissen, wo die Luft rein ist. Hört man Schwarzwild bereits heranwechseln, bleibt man stumm und beginnt erst dann wieder ein paar vertraute Grunzer von sich zu geben, wenn die Wildschweine stehen bleiben und verhoffen. Und selbst wenn sich der Trieb dem Ende zuneigt und die Treiber bereits außer Hörweite sind, kann man mit ein paar Grunzlauten unter Umständen noch führungslose Frischlinge oder Überläufer anlocken, die im Gewirr des Triebes die Rotte verloren haben und wieder Anschluss suchen. Gerade solche führungslose Sauen aus gesprengten Rotten verharren nach dem Treiben im Bestand und würden ohne vertrautes Grunzen keinem Schützen mehr kommen.

In Revieren, in denen regelmäßig Treibjagden auf Schwarzwild durchgeführt werden, muss man der Intelligenz dieser Wildart besonders Rechnung tragen: Daher sollten Ort, Verlauf und Länge der einzelnen Triebe von Jahr zu Jahr abgeändert werden, da gerade ältere und erfahrene Sauen sonst rasch im Bilde und nur schwer vor die Büchse zu bringen sind.

Die richtige Ausrüstung

Bei der Jagd auf Schwarzwild kommt der Ausrüstung – von der richtigen Munition bis zur passenden Optik – entscheidende Bedeutung zu. Die folgenden Richtlinien haben sich in der Praxis bestens bewährt.

Büchse und Munition

Ansitz oder Treibjagd – gerade beim Schwarzwild macht dies den großen Unterschied. Während man beim Ansitz mit einer langen Büchse noch gut zurechtkommen wird, braucht der Jäger bei der Treibjagd vor allem ein kurzes handliches Gewehr. Das macht beweglicher und lässt ihn schneller reagieren.

Entscheidend ist neben dem vertrauten Umgang mit dem Gewehr auch die Munition. Auf Schwarzwild sollte man kein Kaliber unter 7 Millimeter verwenden. Als Faustregel gilt: Je stärker das Kaliber, umso kürzer die Flucht. Bewährte und gängige Kaliber auf Schwarzwild sind daher:

7x57; 7x64; 7x65R;
30.06; .308 Win.; .300 Win. Mag.;
8x68S; 8x57JRS; 8x57JS;
9,3x62 und 9,3x74R.

Bei Treibjagden haben Hochrasanz-Patronen nichts verloren, da mitunter kleinere Hindernisse wie Gräser oder Zweige durchschossen werden. Es empfehlen sich daher folgende Kaliber mit schweren, langsamen Geschossen mit hoher Stoppwirkung:

30.06; .30R Blaser;
8x57 JS oder JRS;
9,3x62; 9,3x74R und die
.375 H&H Mag.

Die früher häufiger verwendeten Flintenlaufgeschosse sind bestenfalls als „Notmunition“ für Niederwildjagden geeignet, in denen Schwarzwild nur in Ausnahmefällen auftaucht. Für eine waschechte Schwarzwild-Treibjagd ist man mit einer führigen Büchse wesentlich besser gerüstet.

Optik

Gerade bei der Optik setzt jeder Jäger die Grenzen selbst. Klar ist allerdings, dass ein variables und lichtstarkes Zielfernrohr gerade bei Dämmerung und in Mondnächten kein Nachteil ist. Wer dazu noch ein Zielfernrohr montiert hat, das mit einem feinen dimmbaren Leuchtabsehen ausgestattet ist, geht technisch auf Nummer sicher. Ob Leuchtpunkt oder Leuchtkreuz hängt davon ab, womit man besser zurechtkommt.

Für Treibjagden empfiehlt sich ein variables Zielfernrohr mit Tagesleuchtabsehen, da Schussbereich und Entfernung von Stand zu Stand sehr unterschiedlich sein können.

Bekleidung

Ist man allein im Revier unterwegs – auf Ansitz oder Birsch –, sind die traditionellen Kleiderfarben wie Grün, Braun oder Grau bestens geeignet. Nach welchem Material im Kleiderschrank zu Hause gegriffen wird – vom traditionellen Loden bis zum wasserfesten Goretex – bleibt dem Geschmack und den Erfahrungen des Jägers überlassen. Eines ist allerdings gerade im Winter klar: Wer in eisiger Mondnacht nicht zitternd und steif auf Schwarzwild ansitzen will, der geht mit seiner Kleidung kein Risiko ein. Vom gefütterten Stiefel über den Muff bis zum Ansitzsack reicht die Palette, um im entscheidenden Augenblick auch einen sicheren, schüttelfrostfreien Schuss ab geben zu können. Für den birschenden Saujäger gibt es für die kalte Jahreszeit noch ein besonderes Kleidungsstück, das mit Sicherheit Vorteile bringt: das Schneehemd.

Steigt die Anzahl der Personen, die an einer Jagd beteiligt sind, dann steigt auch die Gefahr, und die Sicherheit geht immer vor. In den letzten Jahren haben sich deshalb auf Gesellschaftsjagden orange Hutbänder und Signalwesten längst durchgesetzt.

Hunde

Bei der Wildschweinjagd sieht man vor allem Terrier, Dackel und Bracken – und den auf Bewegungsjagden häufig eingesetzten Wachtelhund. Diese Hunde bringen nicht nur eine gewisse Grundschärfe und die nötige Portion Mut mit, sondern sind auch klein und kompakt genug, um durch enge Dickungen zu schlüpfen und Sauen dort hochzumachen. Alle diese Hunde eignen sich auch gut für Nachsuchen. Größere Hunde sind in der Regel nicht so schnell und wendig. Greift eine verletzte oder in die Enge getriebene Sau an, kann dies den Unterschied zwischen Kratzer und lebensgefährlicher Verletzung ausmachen.

Nachsuche

Was für jedes Wild selbstverständlich ist, gilt für Schwarzwild besonders: Hat man eine Sau beschossen, muss nachgesucht werden – selbst wenn man an einen Fehlschuss glaubt und die Zeit drängt. Gerade bei Treibjagden, wenn Sauen in vollem Tempo an einem vorbeiflitzen, müssen in der Aufregung Schusszeichen des zudem schussharten Wildes nicht immer erkennbar sein. Findet man am vermuteten Anschuss keinen Schweiß, wird das Umfeld genau unter die Lupe genommen. Ein fermer Hund gehort ohnehin zu einer Nachsuche dazu.

Ist Schweiß vorhanden, verrät dieser oft, wo die Kugel sitzt: Blasiger, hellroter Schweiß deutet auf einen Lungenschuss hin. Dunkelroter Schweiß lässt einen Wildbretschuss vermuten. Bei Weidwundschüssen findet man Magen- oder Darminhalte, und hat man einen Hammer getroffen, sind am Anschuss meist Knochensplitter zu sehen.

Gerade bei schlechten Schüssen ist eine Nachsuche in dunkler Nacht nicht nur aufgrund von unwegsamem Gelände nicht ratsam. Schwarzwild ist ein wehrhaftes Wild, das verletzt auch nicht davor zurückschreckt, menschliche Verfolger anzugreifen. Idealerweise finden Nachsuchen bei vollem Tageslicht statt oder man verwendet zumindest eine besonders lichtstarke Lampe.

Ratsam ist bei Nachsuchen auch die Mitnahme einer handlichen Schusswaffe mit starkem Kaliber, falls man gezwungen ist, sich durch Dickicht durchzukämpfen oder den Fangschuss durch Blätter oder Gestrüpp abzugeben. Wie aufregend und schnell es auch zugehen mag: Oberstes Gebot beim Fangschuss ist der gefahrlose Schuss! Ein ausreichender Kugelfang gehört da genauso dazu, wie dass man die begleitenden Jäger, Treiber und Hunde stets im Auge behält.

Wildversorgung

Schwarzwild muss – besonders in der warmen Jahreszeit – rasch aufgebrochen und versorgt werden. Hat man als Jäger eine Sau erlegt und ist allein im Revier, ist das rasch geschehen.

Anders bei der Gesellschaftsjagd: Dort steht der Jagdleiter vor einer echten logistischen Herausforderung, um die Gebote hinsichtlich Wildbrethygiene und Kühlkette zu erfüllen. Viel hängt dabei von der Witterung und der Länge der Triebe ab. Zieht sich ein Trieb über mehrere Stunden, so werden kundige Treiber oder Hundeführer das Aufbrechen übernehmen. Der Schütze selbst darf seinen Stand während des Triebes keinesfalls verlassen. Bei Treibjagden ist ein rasches Aufbrechen auch deshalb wichtig, damit das Wildbret selbst nach schlechteren Schüssen noch verwertet werden kann.

Bei Schwarzwild achtet man besonders auf Krankheiten. Lungenwurmbefall oder Schweinepest sind an den Innereien zu erkennen. Außerdem ist eine Trichinenbeschau vorgeschrieben.

Trophäen

Abgesehen vom wohlschmeckenden Wildbret bietet Schwarzwild auch interessante Trophäen als bleibende Erinnerung. Am augenfälligsten sind mit Sicherheit die Waffen: Hauer und Haderer beim Keiler sowie die Haken der Bachen werden nach dem Auskochen aus dem Kiefer entfernt. Dann füllt man diese mit Kunstharz, Leim oder Wachs, damit sie nicht springen. Nur bei älteren Stücken, bei denen die Eckzähne an den Wurzeln bereits völlig geschlossen sind, kann man die Waffen nach dem Abkochen gleich montieren.

Wie man die Waffen verarbeitet, hängt vom Geschmack des Jägers ab: Die Palette reicht vom einfachen Holzschild über eine Silberfassung mit Kette bis zur Standfigur für den Schreibtisch.

Obwohl er weit seltener als Gamsbart oder Hirschbart auf dem Jägerhut zu sehen ist, wird auch der Saubart gezupft. Die besten und längsten Borsten dafür finden sich auf einem handbreiten Streifen auf dem Rücken im Bereich des Nackens und weiter hinten auf der Lendenwirbelsäule. Die Borsten gleich nach der Erlegung im Revier zu rupfen macht wenig Sinn und ist Schwerstarbeit. Besser ist es, die Schwartenstücke zu Hause etwa fünf Minuten in Wasser zu kochen und die Borsten nach dem Abtropfen und Auskühlen leicht mit Daumen und Zeigefinger büschelweise herauszuziehen. Dabei sollte man für einen vollen Bart lieber zu viel als zu wenig zupfen. Das eigentliche Binden überlässt man entweder Experten oder versucht sich mutig selbst daran: vom Reinigen über das Auskämmen bis zum Binden. Die Freude über den fertigen Hutschmuck entschädigt den zünftigen Saujäger für die Arbeit!

Sauen Sie auch hier hinein ...

Rehwild-Ansprechfibel

Von Paul Herberstein und Hubert Zeiler.
96 Seiten, reich illustriert. € 23.-

Reifer Bock oder Jüngling? Schmale oder Altgeiß? Bockkitz oder Geißkitz? – Eine griffige Ansprechfibel, die beim Rehwild keine Frage offen lässt.

Rotwild-Ansprechfibel

Von Hubert Zeiler und Paul Herberstein.
96 Seiten, reich illustriert. € 23.-

Erntehirsch oder Mittelhirsch? Schmaltier oder Alttier? Führend oder nicht? – Ein verlässlicher Ratgeber von der Kolbenzeit bis zum Abwerfen.

Birschfibel

Von Paul Herberstein. 80 Seiten, reich illustriert. € 19.-

Den Bergschuh am Fuß, den Wind im Gesicht und das Wild im Anblick – ein Buch über die großen und kleinen Geheimnisse des Birschens. Für alle, die gern zu Fuß im Revier unterwegs sind. Oder auf den Geschmack kommen wollen.

Österreichischer Jagd- und Schweinerei-Verlag
1080 Wien, Wickenburggasse 3
Tel. +43/1/405 16 36 Fax +43/1/405 16 36/59
E-mail: verlag@jagd.at Internet: www.jagd.at

Bildteil

Wer an Schwarzwild denkt, hat sofort Bilder im Kopf: den schwarzen Keiler im Unterholz, die brechenden Sauen im Herbstlaub oder die flüchtige Rotte im Schnee. – Der folgende Fototeil fasst die Textkapitel bildhaft zusammen. Und er zeigt, wo genau man hinsehen muss, um Wildschweine im Revier rasch und sicher anzusprechen.

Idealer Lebensraum.

Im Mischwald mit ausreichend Unterwuchs fühlt sich Schwarzwild am wohlsten.

Im Eichenwald.

In Mastjahren finden Wildschweine im Wald natürliche Nahrung im Überfluss. Das Wildbretgewicht steigt dann oft deutlich.

Suhlen gehören dazu.

Sauen – wie dieser grobe Keiler – brauchen Wasser zur Kühlung und zur Abwehr von Parasiten.

Bache beim Vollbad.

Gerade in der warmen Jahreszeit zieht es Schwarzwild besonders zu Wasserstellen. Je störungsfreier sie liegen, desto beliebter sind sie.

Schwarte wetzen.

Ein etwa 3jähriger Keiler mit deutlich sichtbaren Hoden – auch „Steine“ genannt – reibt sich nach dem Schlammbad die Schwarte am Malbaum.

Leuchtende Spuren.

Die hellen Schlammspuren an den Stämmen verraten die nahen Suhlen. Harzende Nadelbäume wie dieser sind besonders beliebt.

Frische Brechstelle.

Hier haben Wildschweine nach Eicheln, Würmern oder Larven gesucht. Im Wald meist kein Problem, auf Feldern schon.

Ausgeprägter Geruchssinn.

Die Scheibe hilft nicht nur beim Durchwühlen der weichen Erde, über sie wittert das Wildschwein auch Gefahren auf große Entfernung.

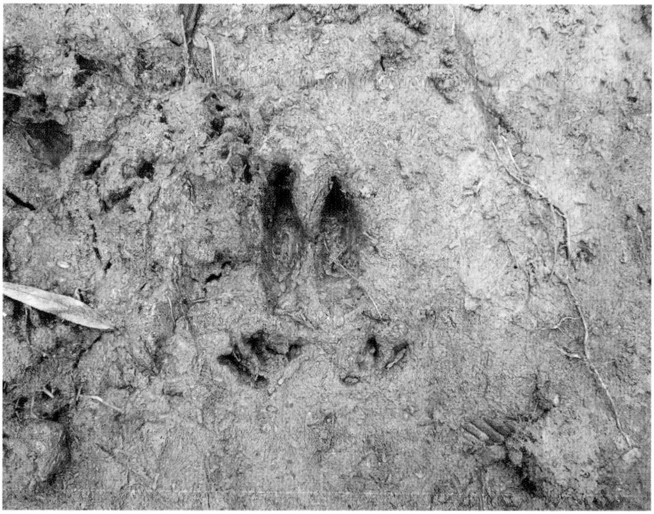

Markanter Schalenabdruck.

Die Abdrücke der Afterklauen verraten auf den ersten Blick, dass hier ein Wildschwein durchgewechselt ist.

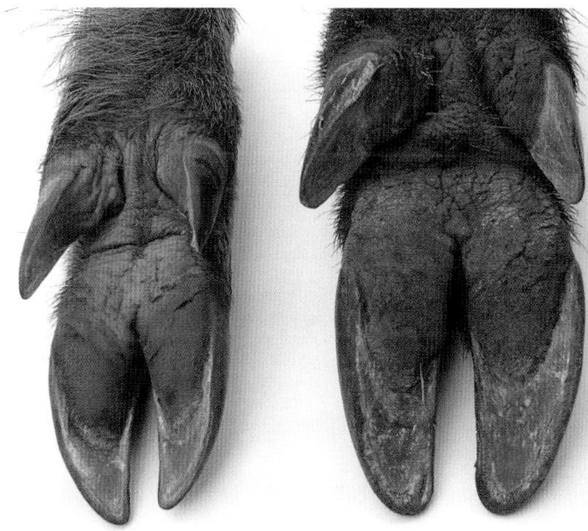

Vorderhämmer im Vergleich.

Während die kleineren Schalen des Überläufers (links) spitz zulaufen, sind die des groben Keilers größer, breiter und durch Abnützung rundlicher.

Im Wurfkessel.

Eine Bache bleibt mit den Frischlingen zwei Wochen im ausgepolsterten und versteckt angelegten Wurfkessel. Sie ist zu dieser Zeit sehr angriffslustig.

Erste Ausflüge.

Frischlinge im ersten Lebensmonat mit den typischen hellen Längsstreifen. Diese hier sind statt im Frühjahr erst später auf die Welt gekommen.

Frischling im 6. Lebensmonat.

Die Streifen sind weg und die zottelige Winterschwarte lässt den Wildkörper auch bereits massiger wirken.

Ende der Frischlingszeit.

Die braune Schwartenfärbung kann, muss aber nicht Zeichen für einen älteren Frischling sein.

Überläuferbache in der Sommerschwarte.

Auch wenn die junge Dame allein unterwegs ist, sieht man solche Bachen meist im Rottenverband.

Überläuferbache in der Winterschwarte.

Diese etwa eineinhalb Jahre alte Bache ist stark im Wildbret.

Typische Kopfform.

Bachen haben oft einen langen, keilförmigen Kopf – wie diese junge Bache im Haarwechsel.

Runder Rücken.

Diese Bache hat etwa 3 Jahre auf dem Buckel und im Gegensatz zum Keiler einen deutlich runderen Rücken.

Sichernde Bache.

Diese etwa 3 Jahre alte Bache hat etwas wahrgenommen. Bei einem Keiler würde man in diesem Alter die „Steine“, die Hoden, erkennen.

Eindeutiges Profil.

Durchhängende Bauchlinie und weder Karpfenrücken noch Kamelhöcker: Dieses 3- bis 4jährige Stück ist gut als Bache anzusprechen.

Auf Nahrungssuche.

Vermutlich ist hier eine starke Bache unterwegs. Das hohe Gras lässt ein sicheres Ansprechen nicht zu.

Grobe Bache von hinten.

Keine sichtbaren Waffen, keine Steine und eine rundliche Körperform: Hier ist im Spätherbst eine starke Bache unterwegs.

Grobe Bache von der Seite.

Dieselbe Bache von der Seite: Der gleichmäßig runde Rücken und der spitze Wurf machen das Ansprechen leicht.

Sichtbares Gesäuge.

Auch diese grobe Bache in der Winterschwarte ist gut anzusprechen: Das Gesäuge ist erkennbar und die Bauchlinie hängt durch.

Im letzten Sommer.

Eine Uralt-Bache in der Sommerschwarte. In freier Wildbahn werden Bachen sogar 15 Jahre und älter.

Flüchtiger Überläuferkeiler.

Ein Keiler am Ende der Überläuferzeit: Wie beim Frischling ist auch beim Überläufer nur eine kleine Quaste am Bürzel vorhanden.

Jugendlicher Körper.

Neben der gleichmäßig verteilten Masse deuten hier der Pinselansatz und die leicht aus der Schwarte ragenden Gewehre auf den Überläuferkeiler hin.

2jähriger Keiler im Haarwechsel.

Dieser Keiler wechselt gerade das Haar. Sein Pinsel an der Bauchlinie ist trotz Bewegung gut zu erkennen.

2jähriger Keiler in der Winterschwarte.

Die Waffen sind hier aufgrund des guten Lichtes sichtbar, ebenso sticht der Pinsel ins Auge.

Jüngerer Keiler in der Sommerschwarte.

Kurze, helle Borsten im Sommer lassen den 2- bis 3jährigen Keiler schlank und hochläufig erscheinen. Gut zu sehen ist hier auch das Geäfter.

Jüngerer Keiler in der Winterschwarte.

In der Winterschwarte und bereits mit leichtem Karpfenrücken und Kamelhöcker sieht dieser 2- bis 3jährige Keiler schon etwas wuchtiger aus.

3jähriger Keiler mit Kamelhöcker.

Pinsel und Steine sind sichtbar, ebenso der Kamelhöcker. Er fällt zum Bürzel hin deutlich ab.

Starker 3jähriger Keiler.

Neben dem Marker am rechten Teller fallen bei diesem Keiler vor allem seine starken, deutlich sichtbaren Waffen auf.

Sommerkeiler.

Quaste, Pinsel, Hauer – hier verhofft ein fertig ausgewachsener, 3 bis 4 Jahre alter Keiler im Gegenlicht.

Winterkeiler.

Ebenfalls 3 bis 4 Jahre alt ist dieser Keiler, bei dem neben den Steinen auch die Waffen sichtbar sind.

Pinsel und Waffen.

Auf den ersten Blick könnte man den 4- bis 5jährigen Keiler mit einer rundlichen Bache verwechseln. Pinsel und Waffen geben aber Sicherheit.

Karpfenrücken und Kamelhöcker.

Der massige Eindruck des 4- bis 5jährigen Keilers wird durch den Karpfenrücken und den Kamelhöcker noch verstärkt.

Schwerpunkt über den Vorderhämmern.

Die Waffen dieses 5- bis 6jährigen Keilers blitzen aus der Schwarte, der Körperschwerpunkt liegt über den Vorderhämmern.

Grober Keiler mit mächtigem Schild.

An der Schulterpartie älterer Keiler bildet sich mitunter eine Kruste aus Schlamm, Harz oder Schweiß: das sogenannte Schild.

Reifer Kraftlackel in der Rauschzeit.

Ein Blick genügt: Körperschwerpunkt, Karpfenrücken, Schild, Kamelhöcker und Steine verraten den groben Keiler.

Hauptschwein beim Fressen.

Ein kräftiger Keiler mit 7 Jahren oder mehr: Die starken Vorderhämmer mit Geäfter lassen erahnen, welch eindrucksvolle Fährte er wohl zieht.

Im Vollsaft.

Auch von vorne stechen bei diesem groben Keiler der besonders massige Wildkörper und der breite Kopf ins Auge.

Hauptschwein in Bewegung.

Wenn bei einem Keiler erst einmal der Bürzel derart quastig, kräftig und dunkel ist, steht man einem wahren Urian gegenüber.

Alt und abgekommen.

Dieser Keiler hat seine besten Tage hinter sich. Selbst in der Winterschwarte wirkt er mager und schwach.

Stark abgenutzte Waffen.

Die abgeschliffenen Hauer und Haderer sprechen eine klare Sprache: Dieser Keiler ist zwischen 8 und 10 Jahre alt.

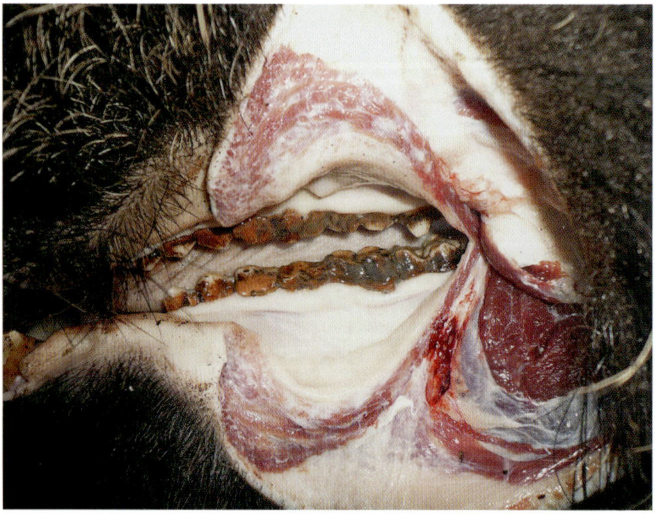

Flache Backenzähne.

Die abgenutzten Backenzähne im freigeschärften Kiefer bestätigen zusätzlich das hohe Alter.

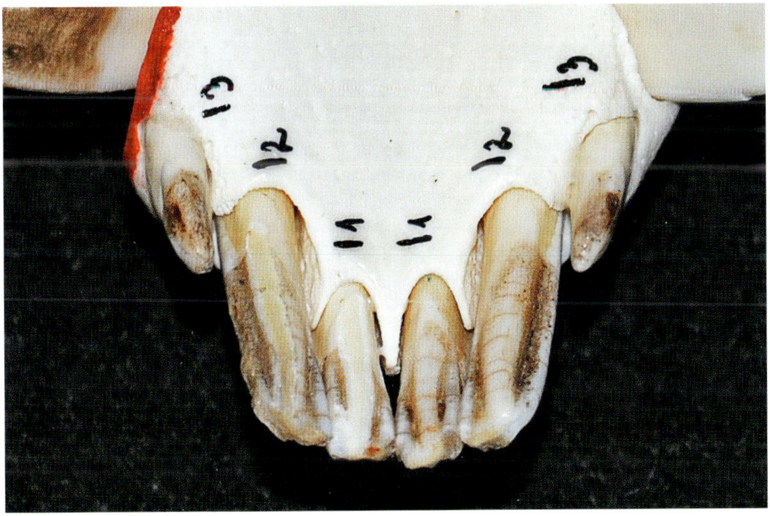

Keine Abnützung.

Bei diesem 3jährigen Keiler ist an den Oberflächen der Schneidezähne kaum Abnützung erkennbar.

Starke Abnützung.

Im Gegensatz dazu sind die Oberflächen der Schneidezähne dieser 8jährigen Bache deutlich flach abgeschliffen. Sie wirken wie poliert.

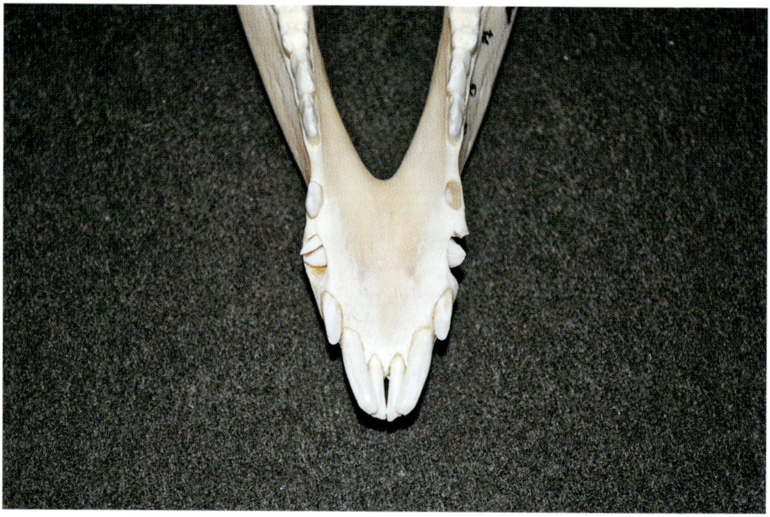

Frischlings-Unterkiefer im 11. Lebensmonat.

Die Spitzen der Eckzähne sind bereits erkennbar, die äußeren Schneidezähne (I 3) sind kurz vor dem Wechsel.

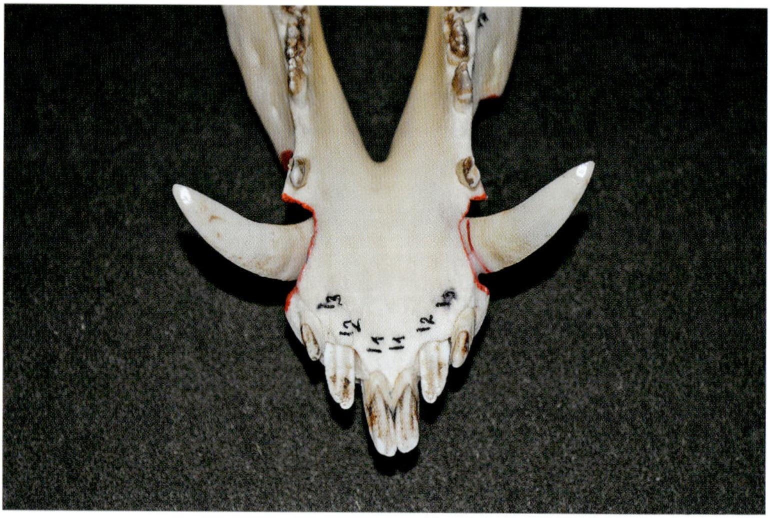

Überläufer-Unterkiefer im 21. Lebensmonat.

Die mittleren Schneidezähne (I 2) sind bereits gewechselt – als letzte der Schneidezähne. Die Waffen des jungen Keilers sind schon deutlich sichtbar.

Offene Wurzeln der Schneidezähne.

Mit rund 21 Monaten sind die Wurzeln der inneren Schneidezähne (I 1) halb offen, die der mittleren Schneidezähne (I 2) noch ganz offen.

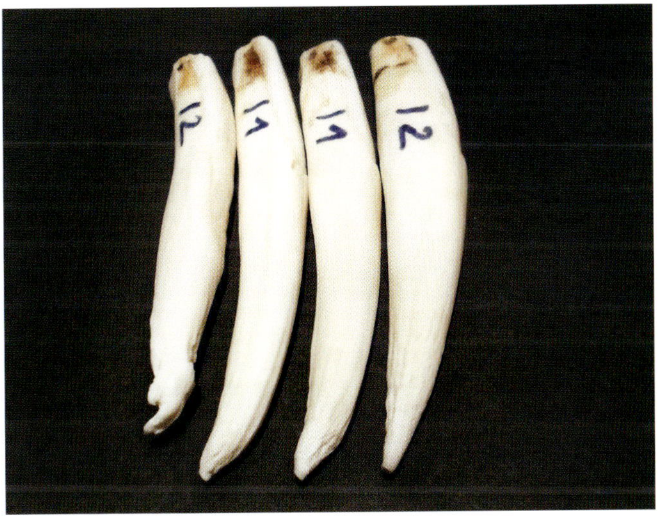

Geschlossene Wurzeln der Schneidezähne.

Erst ab dem 6. Lebensjahr sind die Wurzeln der Schneidezähne komplett geschlossen.

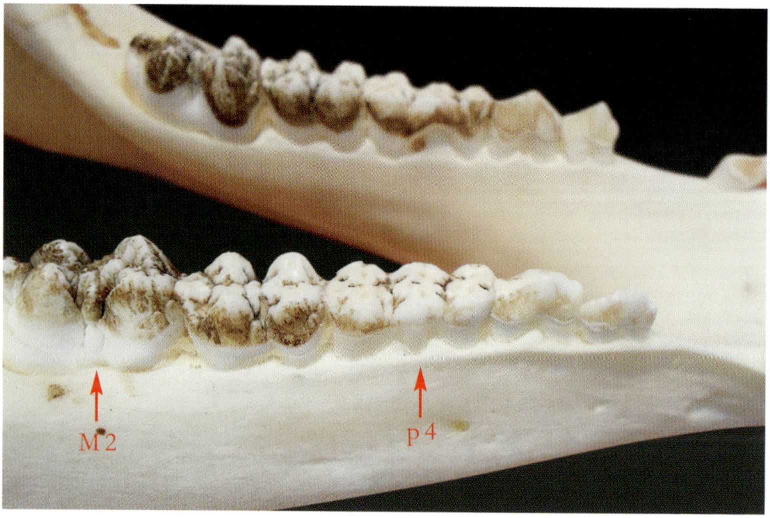

Unterkiefer im 14. Lebensmonat.

Bei diesem Überläufer ist der noch dreiteilige p 4 stark abgenutzt und vor dem Wechseln. Der M 2 ist bereits vollständig sichtbar.

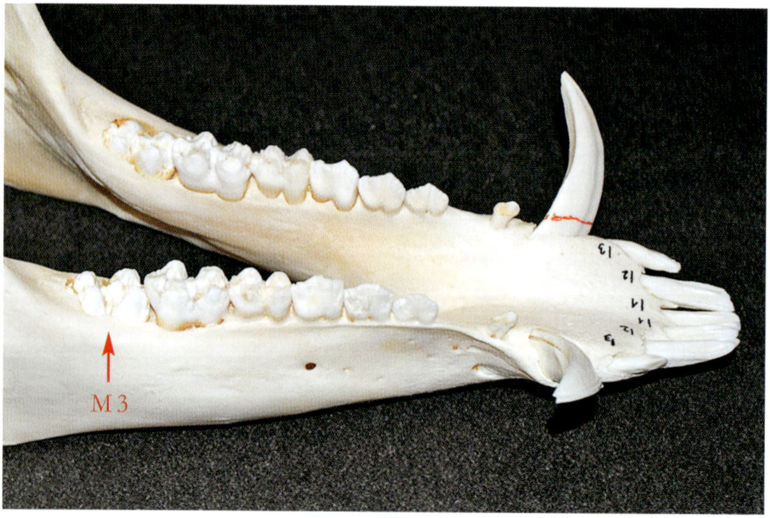

Unterkiefer im 24. Lebensmonat.

Das fertige Dauergebiss: Der letzte Backenzahn (M 3) ist durchgebrochen. Insgesamt weisen die Backenzähne noch kaum Abnützung auf.

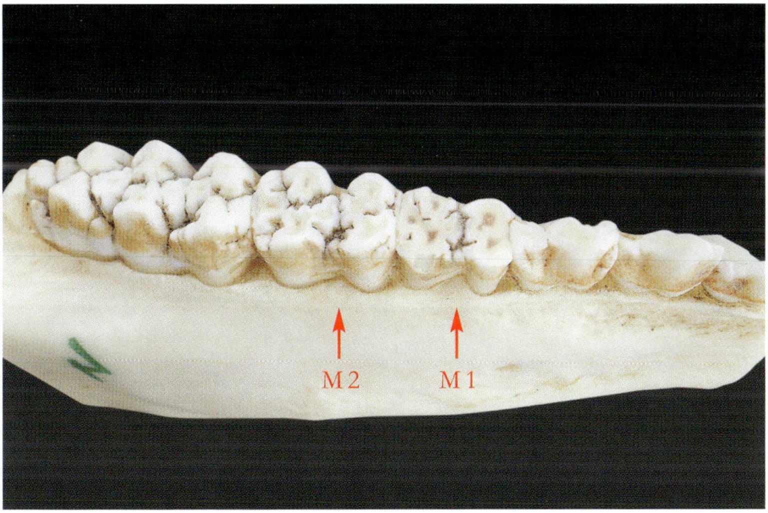

Unterkiefer einer groben Bache.

Bei dieser 4jährigen Bache sind die Backenzähne M 1 und M 2 erkennbar abgenützt.

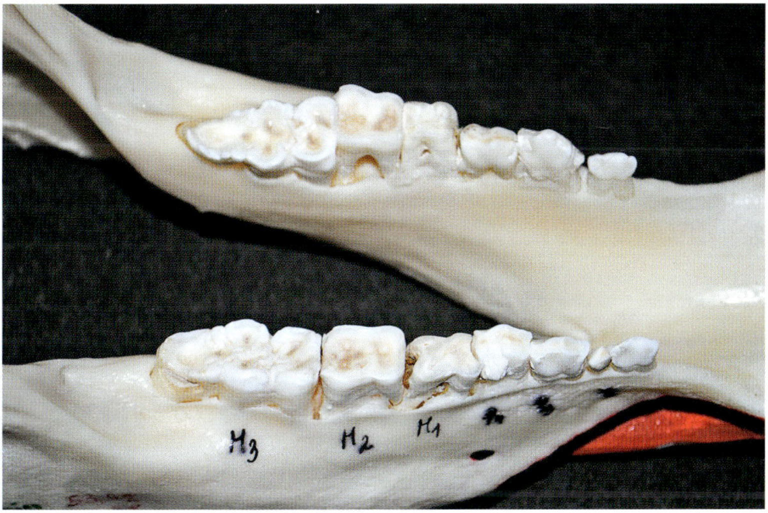

Unterkiefer von einem Hauptschwein.

Die starke Abnützung der Backenzähne macht klar, dass dieses Wildschwein bereits 8 Jahre oder älter gewesen sein muss.

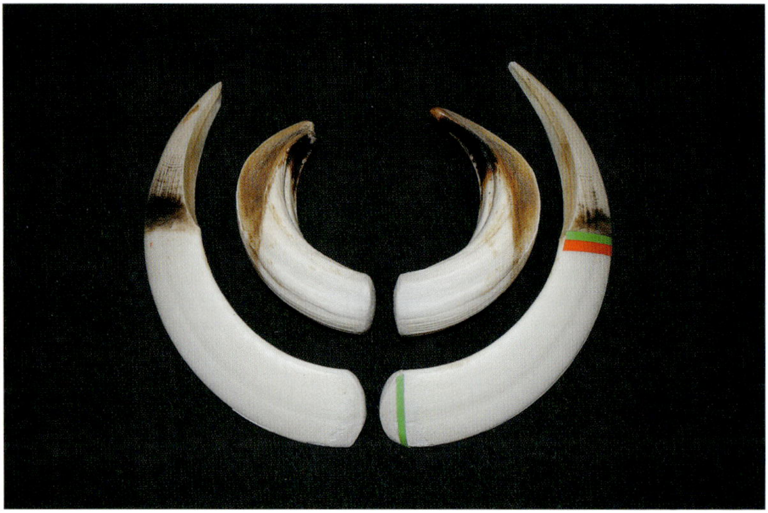

Altersbestimmung beim Keiler.

Der Durchmesser am Wurzelende (grüne Markierung) und an der Schleifecke (rot-grüne Markierung) gibt Aufschluss über das Alter (siehe Seite 38).

Altersbestimmung bei der Bache.

Bei Bachen ist die Wurzelveränderung der Haken entscheidend. Bei alten Bachen, wie auf dem Foto, sind die Wurzeln bereits komplett geschlossen.

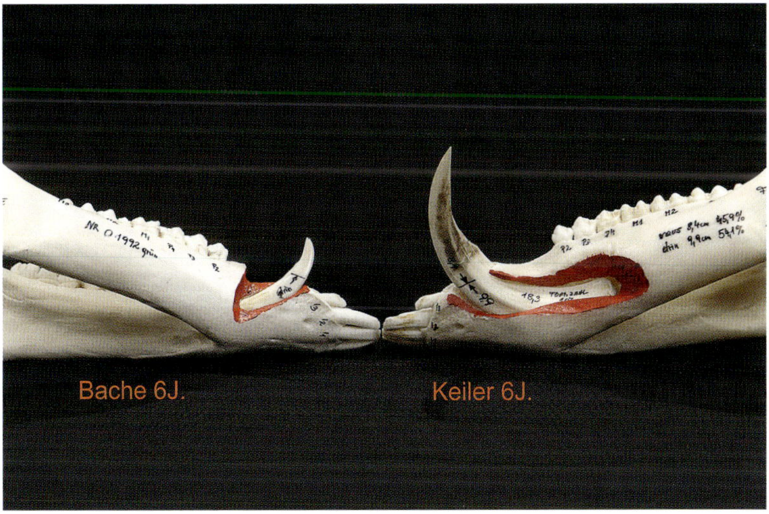

Waffen-Vergleich.

Kleine Haken bei der Bache, große Hauer beim Keiler: Seine Waffen stecken hier nur zur Hälfte im Kiefer – bei alten Keilern keine Seltenheit.

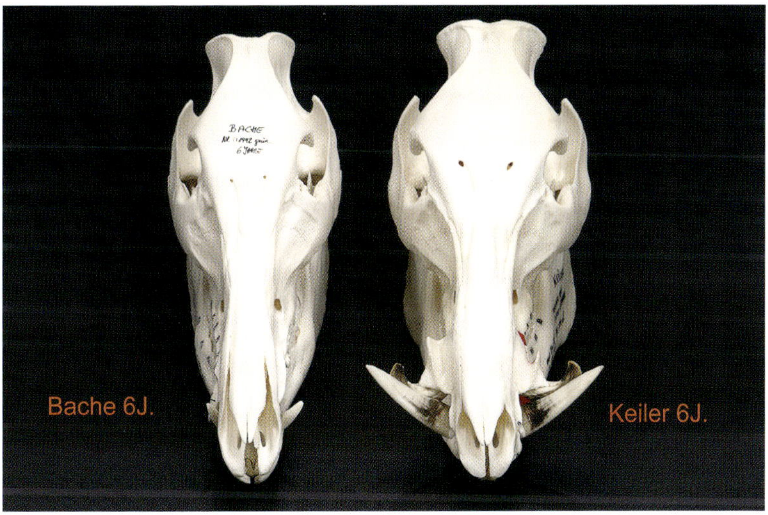

Schädel-Vergleich.

Auch hinsichtlich der Breite des Schädelknochens unterscheidet sich der Keiler stark von der Bache.

Nachhall.

Selbst in Gebieten, wo der Jäger aufgrund hoher Schwarzwild-Dichten gefordert ist: Die respektvolle, weidgerechte und leidenschaftliche Jagd auf dieses urige Wild sollte nie auf der Strecke bleiben.